U0502927

DeepSeek
创作红利

[普通人全平台]
[AI内容变现实战]

水青衣　范远舟　朱行帆 ◎ 著

中国科学技术出版社

·北　京·

图书在版编目（CIP）数据

DeepSeek 创作红利：普通人全平台 AI 内容变现实战 / 水青衣 , 范远舟 , 朱行帆著 . -- 北京 : 中国科学技术出版社 , 2025.4（2025.5 重印）.

ISBN 978-7-5236-1341-2

Ⅰ . TP18

中国国家版本馆 CIP 数据核字第 20258J1B59 号

策划编辑	李 卫		责任编辑	高雪静
封面设计	张 岑 创研设		版式设计	愚人码字
责任校对	焦 宁		责任印制	李晓霖

出 版	中国科学技术出版社
发 行	中国科学技术出版社有限公司
地 址	北京市海淀区中关村南大街 16 号
邮 编	100081
发行电话	010-62173865
传 真	010-62173081
网 址	http://www.cspbooks.com.cn

开 本	880mm×1230mm 1/32
字 数	185 千字
印 张	9
版 次	2025 年 4 月第 1 版
印 次	2025 年 5 月第 2 次印刷
印 刷	北京盛通印刷股份有限公司
书 号	ISBN 978-7-5236-1341-2 / TP·515
定 价	59.80 元

（凡购买本社图书，如有缺页、倒页、脱页者，本社销售中心负责调换）

让 AI 成为利器，让你成为更好的你

一位二胎妈妈用 AI 管理 3 个育儿公众号，在接送孩子的间隙就完成了公众号的内容创作，实现月入 5 位数；一位小镇青年把家乡的竹编工艺通过 AI 转化成国潮文案，让父亲的作坊订单排到了下一年；一位有 10 年创业经历的创业者在小红书平台仅有 297 个粉丝，但借助 AI 做沙龙笔记招募沙龙合伙人，半年业绩突破 40 万元。

……

最初，他们来跟我们学习 AI 创作时，也曾充满怀疑与焦虑；他们都不是技术专家，但如今能做出成果，只因他们比其他人更早掌握了与 AI 协作的秘诀——就像 20 年前会用搜索引擎的人率先看到了更广阔的世界那样，今天能驾驭 AI 的创作者，同样正在重塑内容生产的游戏规则。

2022 年年底，我第一次接触 ChatGPT，当它高效且高质量地输出了我想要的内容时，我的心情非常复杂。我的第一反应跟很多朋友一致："我是不是很快要被它取代了？"但很快我就发现，其实不是这样的。

AI 能"写"的前提，是使用者会"问"。

我还记得初次跟 ChatGPT 交互，我是这样"发问"的："你能尝试站在一个专业新媒体人的角度，帮我写一条短视频文案吗？文案主题是'善于学习的人，不惧任何变化'。你需要匹配我的写作风格来完成这条文案，字数控制在 300 字以内。下面是我写的一条文案，供你参考。"

彼时，我并没有学过任何所谓的"提示词技巧"，但 ChatGPT 却能精准又妥帖地输出答案。我既惊讶于它的完成度之高，又发现了自己有"无师自通的本领"。不过，在之后两年多的 AI 应用探索中，当我多次与各种不同的 AI 交互后，我发现：根本不是我无师自通，也不是我绝顶聪明，我能一次又一次用好提示词，从 AI 中得到我想要的内容，在很大程度上与我的身份和职业相关。

我是个创作者，也是个创业者。作为创业公司创始人，我给下属安排任务时，一定会把背景信息甚至执行路径都讲清楚，以确保他们能给出我想要的结果；而作为创作者，我非常注重逻辑和细节，我的表达力求简洁达意、直中靶心。毕竟，我能写出多篇点击量超 10 万的作品，靠的就是极致严苛的细节掌控和优秀的表达力。

后来，我就把这套向 AI 发问的逻辑，总结成一套应用指令：

● 你是谁。（给 AI 定义一个角色，让它快速进入状态。）

● 你要帮我干什么。（说清任务目标，让 AI 知道自己要干什么。）

● 执行该任务需要注意什么。（说清背景信息和具体限定，让 AI 知道应该怎么干。）

这套指令很有用，我在线下进行培训时，只需讲一遍，全场学员便能迅速掌握、当场运用，效果立竿见影。

但每次在讲完该套指令后，我一定会再补充两件事——这也是我真正想说的。

▶ 第一件事：本来就专业的人，通过 AI 助力，会让自己更专业。

是的，掌握该套指令，对于提升 AI 输出质量确实是有帮助的。对于 DeepSeek，该指令同样适用。只要你的表达清晰明确，DeepSeek 这个"小机灵鬼"就能迅速给出令你满意的回复。但这不够。

想真的用好 AI，更重要的是专业，你得在自己的领域足够专业。

这也是我推荐本书的核心原因，因为它正是由足够专业的人所写的足够专业的书。

从书名就能看出，这是一本聚焦普通人如何在全平台使用 AI 完成新媒体内容变现的书。本书的 3 位作者都是资深新媒体人，也都取得过非常亮眼的成绩。

正因足够专业，她们给出的方法论不仅细致，而且极具实操性，比如在第一章，她们一口气给出 6 个选题神器 +10 个模板——不愧是资深新媒体实战派。

她们曾和我开玩笑说，本书诞生于真实"战场"的"硝烟"之中——第三章里拆解的搜索全平台爆款素材，是用价值

12 万元的投放费用和一个个工具及渠道试错得出的一手经验；第六章教你的强人设故事法，源自作者帮助 104 个人成功打造有温度的个人 IP 的实践（案例可见作者水青衣的另一本书《引爆 IP 红利》）；第七章的变现闭环系统，更是直接复刻团队成员从零起步到月入 10 万元的每个关键动作。这些都不是纸上谈兵，而是被验证过的可以落地的生存指南。

这大概也是本书的特别之处——基于这些细致的系统指引，AI 在她们仨手中，变成了指哪打哪的爆款神器。

▶ 第二件事：本身不够专业的人，通过学习专业的人使用 AI 的经验，一样可以达成目标。

以前我们教新媒体创作，虽然从心法到干法都给学员们讲得清清楚楚，但最终落地实操还得他们自己来。"持续"做内容输出，是一件极具挑战的事，不少学员坚持不了，抗不住压力，半途而废。

现在有了 AI，尤其是 DeepSeek 这种中文处理能力强大的文本创作工具，局面就完全不同了。

你不再需要自己写，只需建立起自己的系统框架，让 AI 往里填内容就可以了。那么，怎样建立系统框架呢？本书用了七章，以像素级的精细程度提供了全面而系统的指导，帮助你一步步掌握其中的精髓。

因此，亲爱的读者们，请认真读完这本书，跟着一步步去实践。你们每个人都可以和 3 位作者一样，取得想要的成果。

她们 3 个人加起来拥有近 20 年的新媒体创作经验，积累了指导过 2 万余名学员的实操心得，全平台发布超过 5000 条内容。从最初被平台限流的迷茫，到单条视频带货 23 万的突破，再到建立起每月产生 6 位数收益的内容矩阵，这些滚烫的经历都将在书里与你分享。

在这个信息过载的时代，创作早已不是少数人的特权，而是每个人与世界温柔对话的方式。当你在深夜打开 DeepSeek 界面，让它帮你梳理纷乱灵感时，当你根据书中的标题公式让 DeepSeek 创作出绝妙标题、收获人生第一条爆款文案时，当 DeepSeek 通过你精准的提示词，生成一段令人拍案叫绝的语录时，请相信，AI 并没有取代我们，它只是成了我们延长的手臂、强化的感官、永不枯竭的灵感。在这些与之共创的文字里，同样也带着我们思想的温度。

一个更包容也更智慧的创作生态正在形成，而你我都是它的缔造者。

数百年后，也许那时的人们会这样记录这段历史：

21 世纪 20 年代，每一个有思想、有蓬勃生命力的创作者，都以前所未有的勇敢与赤诚，在一场由 DeepSeek 带来的巨大浪潮中，劈波斩浪，勇往直前。

现在，轮到你了！

你的朋友　焱公子

2025 年 3 月

出版说明

为真实呈现 AI 创作的内容，本书最大限度地保留了 DeepSeek 生成文本及图片的原始样貌，目的是对作者的实操方法进行最优化呈现。书中案例的部分表述可能存在偶发字词疏漏，此系为保留生成内容原貌所致，仅为如实呈现 AI 实操方法，特此说明。

目 录 | CONTENTS

DeepSeek 创作红利

第一章 | 爆款思维：10 种用户必看内容，复制即火

DeepSeek 创作红利

在新媒体领域，选题的重要性不言而喻。它既是创作的起点，又是影响作品能否成为爆款的关键因素。一个角度新颖、紧扣社会热点、能触动大众情感并引发共鸣的选题，往往能迅速在社交媒体上扩散，形成"病毒式"传播，吸引大量的用户点赞、转发或关注。因此，可以说，选题是新媒体创作中至关重要的一环，是爆款的源头。

第一节　DeepSeek + 6 个选题神器，揭秘用户疯传的流量密码

一、爆款都是重复的

火过的内容会再火。多年来，我们研究现象级爆款内容时发现：它们大多数并非独一无二。很多爆款在一定程度上重复着之前爆款内容的核心元素和主题。

注意，此处说的"重复"，不是抄袭，不是简单的复制、粘贴，而是对共同情感、普遍需求、热门话题的集中展现——人类的认知模式、情感需求具有一定的稳定性和规律性，只要找到那些能够引起广泛关注和强烈情感反应的元素，即便是在不同时间和情境下，再度创作、发布，依然能够发挥相似作用，得到爆款效果。

二、哪些爆款选题的元素具备重复性？

按时间来划分，爆款选题的元素分为长期元素、中期元素和短期元素。

长期元素有情感类、情绪类、地域类、群体类等（图 1-1），

在不同时代和文化背景下，不管是写情感还是情绪，写地域还是群体，拥有这些长期元素的主题内容大多能引起人们的广泛共鸣和讨论。

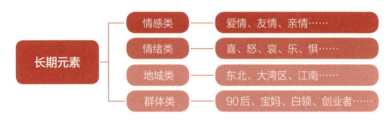

图 1-1　爆款选题的长期元素

中期元素大多是实用类主题，比如职场技能、个人成长、心理健康等［图 1-2（a）］都是爆款中的"常客"。因为人们在不同人生阶段，都会面临相似的困惑和挑战，希望能从阅读他人的经验及建议中获得启发和帮助。

短期元素，像社会热点、娱乐八卦、同好圈子等［图 1-2（b）］，会周期性成为爆款焦点。虽然具体事件和人物在不断变化，但用户对于新鲜事物的好奇心和对信息的渴求始终不变。

图 1-2　爆款选题的中期元素和短期元素

创作者可以根据"爆款重复"这个特性，找到爆款元素，在理解和把握的基础上，结合当下环境背景、账号属性、受众特点，进行二度创新及个性化表达。

三、快速找到爆款元素的 6 种方法

▶ **第 1 种：泛题材搜索法。找到受众基础广泛的题材，往往能吸引更多人的关注。**

我们带了上万名学员实操后发现，美食、美妆、穿搭、旅游、健身这 5 类选题（图 1-3），因与人们日常生活息息相关，拥有庞大的受众群体。

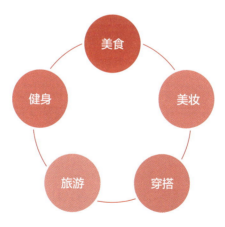

图 1-3 受众广泛的 5 类选题

以旅游类内容为例，热门城市的旅游攻略总是很受欢迎。另外，另类的旅游项目像探险旅游、亲子研学游也备受追捧。

近年来兴起的"特种兵式旅游"更是在小红书上掀起一阵热潮。2023 年 5 月，一篇《特种兵极限挑战之 24 小时玩韩国》[①] 的小红书笔记火了，有 6 万点赞量及上百万阅读量（截至 2024 年 12 月）；2024 年 4 月，同样是"特种兵旅游"选题，《特种兵株洲一日游》也爆火，拿到 4600 个赞；2024 年 8 月，《福州特种兵一日游攻略》也获得了 5200 的点赞与 4600 的收藏。

在美食、美妆、穿搭、旅游、健身这 5 类选题中，一旦出过爆款内容，之后再创作相同选题的文章或视频，还是会有很大概率成为爆款。我们只需用心收集曾爆火过的选题，让 DeepSeek 依据核心元素再创作，就有可能轻松收获爆款作品。

🐋 DeepSeek 帮你赢

还是以旅游这一题材中"'特种兵式旅游'爆款元素"作为选题，让 DeepSeek 创作内容。

步骤 1：复制文案。 复制之前三篇爆款《特种兵极限挑战之 24 小时玩韩国》《特种兵株洲一日游》《福州特种兵一日游攻略》的文案。

步骤 2：分析元素。 撰写提示词，让 DeepSeek 阅读与分析这三篇笔记会爆火的因素及可复用的内容。

---

① 此标题为小红书图文笔记首页显示大字标题，后文中引用标题皆为首页大字标题。——编者注

提示词参考如下：

你是一位资深的旅游博主，擅长新媒体内容产出。请你深度分析以下三篇小红书爆款文案，找出爆火的共同要素，并总结成可复用的内容公式，从而帮助初入小红书平台的旅游博主掌握爆款文案写法，提升旅行类选题内容的曝光率与互动率。

爆款文案如下。

爆款文案 1：特种兵极限挑战之 24 小时玩韩国

因为有点事情 我自己一个人去韩国过了个周末。

酱蟹真的太绝了！想吃这一口好久了！拌米饭嘎嘎香！酱油味和辣味的都好吃！！！

心心念念的三丽鸥咖啡店也去了！太可爱了！

三丽鸥 # 韩国旅游 # 特种兵式旅游 # 旅游 # 大学生旅游 # 美乐蒂 # 库洛米 # 韩国造型 # 旅行 # 周末去哪儿

 注 文案 2 和文案 3 的内容省略。

DeepSeek 的回复：

一、爆款核心要素拆解

1. 关键词抓准平台趋势。

2. 高效信息颗粒度设计。

二、可复用的内容公式

《×× 小时玩转 ××》万能模板如下。

1. 标题：事件冲突 + 结果导向。

2. 正文：STEP 法则。

3. 转化设计：

● 餐饮 / 住宿类。

● 文旅类。

注 只展示部分回复。

步骤 3：重新创作。 继续撰写提示词，让 DeepSeek 按照上述因素复用内容，以同样的"特种兵式旅游"为选题，创作出一篇全新的内容笔记。

提示词参考如下：

让我们继续。如前所述，你是一位资深的旅游博主，非常了解小红书平台的内容调性，擅长拆解和模仿爆款内容。现在，你需要按照上方回复中"爆款文案的要素"，写出一篇全新的小红书爆款文案。选题是"杭州特种兵式旅游"，面向的读者主要是 18 ～ 28 岁的在校大学生 / 年轻上班族 / 喜欢旅游的情侣，旅游全程花销在 1500 元 / 人以内。该文案具体要求如下。

1. 标题 20 字以内，需包含"特种兵式旅游"关键词；

2. 结合"十一"假期热点，用第一人称视角分享；

3. 使用 emoji、特殊字体等增强文案的视觉吸引力；

4. 结尾用挑战接力的形式 @ 当地文旅账号；

5. 文案需符合小红书社区氛围，带有强烈的感情色彩，以吸引读者进行互动。

DeepSeek 的回复：

《48 小时玩疯杭州！特种兵式穷游天花板攻略》

"十一"抢不到票的我，周末极限玩转杭州！全程花费 1386 元（含动车票），实测可行！

避雷重点

- 西湖手划船要 7：00 抢票（我替你们排过雷了）。
- DAY1：经典暴走线。

6：00 在北山街看日出。

- 定位西湖博览会博物馆。
- 晨跑大爷教我拍"雷峰塔悬日"。

8：30 在游埠豆浆吃咸豆浆。

油墩儿 + 葱油拌面 15 元管饱。

注 只展示部分回复。

◤ **第 2 种：需求探寻法。找到用户的真需求是创作出有价值内容的关键。分享以下三种途径（表 1-1）。**

表 1-1　了解用户需求的三种途径

途径	行动	好处	目的
1	参考评论区中的高赞评论	简单、直接、有效	高赞评论是用户的真实反馈，往往代表众多用户的共同心声和关注点。去评论区找选题，能快速了解用户的看法和需求
2	在新媒体平台发起问卷调研	广泛收集用户的意见和建议	从用户需求出发，设计不同维度的问卷，从而创作出更具有针对性和实用性的内容

续表

途径	行动	好处	目的
3	对后台数据进行深入分析与总结	能清楚知道用户的浏览时长、完播率、点赞率、分享转发等情况	数据能反映出用户对不同内容的喜好程度，依据数据决定内容的取舍

第 3 种：热点结合法。结合当下热点去找选题，可引起用户广泛讨论和关注。

及时关注时事新闻、热门话题、流行趋势，将其与自身创作领域相结合，可以让作品更具有时效性、话题性。我们常用来找选题的第三方平台 / 工具如下（图 1-4）。

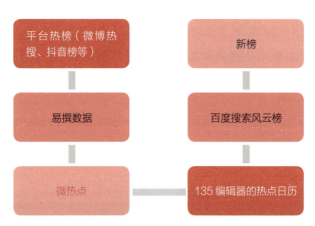

图 1-4　常用的第三方平台 / 工具

怎样利用这类第三方平台 / 工具找选题、做内容？我们以微博热搜榜为例，电视剧《玫瑰的故事》刚上映就冲上微博热搜榜，很多创作者借助这个热点，创作出"10 万 +"公众号爆款文章。

我们可以像这些创作者一样，多关注平台热榜榜单，从中找到自己想写的选题，然后将选题投喂给 DeepSeek，在 AI 的帮助下，快速抢占热点，迅速提升作品的曝光度和关注度。

我们再来看看 135 编辑器的热点日历（图 1–5）。

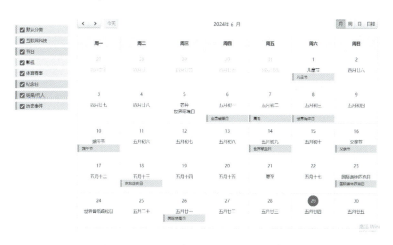

图 1–5　135 编辑器的热点日历界面

由图 1–5 可见，2024 年 6 月可以作为选题的主题有儿童节、端午节、父亲节等，还有电商的"6·18"购物节。我们可以事先准备好与这些节日相关的选题内容，等到日期临近时发出。

 **DeepSeek 帮你赢**

步骤 1：联网搜索，找到过往爆款。 应用 DeepSeek 联网功能（图 1-6）；让 DeepSeek 联网搜索，找到往年写这

些选题的爆款内容。

我希望你扮演一个经验丰富的情感博主，你非常了解抖音平台的内容调性，擅长拆解和模仿爆款内容。现在，请写一篇关于父亲节选题的内容，面向的群体主要是在爱情、友情、亲情中遭遇困惑，渴望获取情感支持、经验建议的年轻人。请你参考抖音平台上这类选题的爆款视频进行深度学习和分析拆解，写一篇抖音短视频文案。具体要求如下：

1.按照"悬念式标题＝事件＋悬念点＋问句"的标题公式写；

2.视频时长控制在2分半以内；

4.文案要有情感共鸣点，充满积极向上的能量；

5.要吸引读者阅读，并达到点赞、收藏等互动效果。

🔯 深度思考 (R1)　⊕ 联网搜索　　　　　　　　　　　　　Ⓤ ◯

图 1-6　DeepSeek 的联网功能

　　步骤 2：仿写，再度创作。点击附件按键（图 1-7），上传文档资料。文档内包含刚才找到的爆款内容。接下来请撰写提示词，让 DeepSeek 仿照爆款内容，写出符合选题的内容。

🐋 **我是 DeepSeek，很高兴见到你！**

我可以帮你写代码、读文件、写作各种创意内容，请把你的任务交给我吧~

给 DeepSeek 发送消息

🔯 深度思考 (R1)　⊕ 联网搜索　　　　　　　　　　　Ⓤ ↑

图 1-7　DeepSeek 的附件上传功能

▌**提示词参考如下：**

　　你是一名经验丰富的情感博主，专注于帮助普通人解决情感难题，并且非常了解抖音平台的内容调性，擅长拆解和模仿爆款。现在，请写一篇关于父亲节选题的内容，面向群体主要是在爱情、友情、亲情中遭遇困惑，渴望获得情感支持、经验与建议的 18~28 岁的年轻人。请你阅读学习往年的爆款内容（见附件），并做分析、拆解，写出一篇抖音短视频文案。具体要求如下：

1. 标题控制在 20 个字以内，带关键词"父亲节"；

2. 文案字数要依据视频时长定，视频控制在 2 分半以内；

3. 文案要有情感共鸣点，充满积极向上的能量；

4. 要吸引读者阅读，并达到点赞、收藏等互动效果。

DeepSeek 的回复：

标题：父亲节那天，我发现了爸爸的秘密……他到底瞒了我什么？

（开场画面：昏暗的房间里，主角坐在桌前，手里拿着一张老照片，眼神复杂。）

文案：

你有没有想过，爸爸其实也有脆弱的一面？小时候，他是那个无所不能的超人，用坚实的肩膀挑起了整个家的重担。

可长大后，我才发现，他也会累，也会偷偷叹气，甚至……瞒着我做一些事。

注 只展示部分回复。

▶ 第 4 种：共鸣洞察法。洞察共鸣点的关键在于成为读者的"情绪翻译官"。

首先，选定你想对话的人群，比如刚毕业的大学生或新手父母，然后像朋友那样聊天，观察他们的日常，去他们常去的网络社区，看大家在抱怨什么、炫耀什么、深夜沮丧时讨论什么。新手妈妈总在吐槽"凌晨 3 点独自喂奶时，旁边是鼾声四起的老公"，这就是值得捕捉的情绪点。

其次，把这些碎片化情绪串成完整的故事线，重点挖掘那些人人经历过却没说出口的微妙感受，试着把自己的经历当镜子，照出群体的共同模样。你要写北漂故事，就别只讲挤地铁的辛苦，可以写"合租屋里用行李箱当餐桌，却拍出唯美早餐照发朋友圈"的倔强；你要写全职妈妈不容易，就不要直接写"带娃辛苦"，而是要描述"一只手抱着哭闹的婴儿，另一只手把洗好的衣服晾起来"的具体场景。

这种真实的生活切片，比宏大叙事更能引发"这就是我"的共鸣。共鸣点找到并确定之后，你可以做一个小测试：把写好的内容给目标读者中的 3 个人看，如果他们不约而同地说"你怎么知道我的事"，就说明你找对点了。

以我们指导学员做自己的个人故事视频为例，绝大部分出爆款内容的都是以下选题：

● 选题一：我的 10 年故事；

● 选题二：关注我的五大理由；

● 选题三：我的妆容／穿搭进化史；

● 选题四：我是 ×××，重新认识一下。

这四类选题易出爆款，就是因为用户在作品中看到了自己的影子，感受到被理解、被认同，他们愿意分享与传播，使得内容成为爆款的可能性大大增加。

 DeepSeek 帮你赢

如果你不会找共鸣点，可以借助 DeepSeek 来寻找。这里以沙龙主理人这个群体为例。

步骤 1：提供身份背景信息，找共鸣点。输入提示词，给 DeepSeek 提供沙龙主理人群体的身份背景信息，让其找寻这一群体容易共鸣的点。

提示词参考如下：

你是一位资深的沙龙主理人，也是一位沙龙培训师，尤其擅长挖掘沙龙行业痛点、寻找主理人情感共鸣。现在请你分析沙龙主理人的共鸣点，为沙龙学员提供实用的新媒体创作思路，以便他们通过内容创作提升引流和获客的效果。具体要求如下：

1. 列举 8 个沙龙主理人的共鸣点；

2. 针对每个共鸣点，附上具体的案例说明；

3. 请分点阐述，做到条理清晰有层次。

DeepSeek 的回复：

一、运营焦虑类痛点

1. 选址成本与流量失衡

- **案例**：主理人丽丽花了半年时间选定了市中心某商铺，月租金 3 万元，却因周边竞品密集，首月仅转化了 23 名会员。

- **解法**：改用"轻资产联营模式"与高端健身房合作，可节省 60% 的成本，客群匹配度可提升 90%。

2. 员工培训耗时长、效果差

- **案例**：某美学沙龙新员工上岗 3 个月仍不会操作高端仪器，客户投诉率超 15%。

- **解法**：制作"标准化服务 SOP 视频库"+"老带新积分奖励"，将培训周期从 2 个月压缩至 18 天。

注 只展示部分回复。

步骤 2：选定一个共鸣点，让 DeepSeek 创作文案。注意：我们要对 DeepSeek 的回复做出分析与甄别，然后，再选择其中一个共鸣点，进行提示词追问，让它写出一段引人入胜的文案。

提示词参考如下：

让我们继续。现在，请你根据上方找到的沙龙主理人"选址成本与流量失衡"这一个共鸣点，进行深度思考分析后，创作一篇能为这一群体提供价值或解决问题的小红书爆款文案。具体要求如下：

1. 全文不超过 1000 字；

2. 使用 emoji、特殊字体等增强文案的视觉吸引力；

3. 文案要一针见血地指出沙龙主理人存在的问题；

4. 内容实用，符合小红书社区氛围，能吸引读者阅读并进一步链接作者。

DeepSeek 的回复：

卷了！你的沙龙选题还在抄爆款？

——3 个动作让枯竭选题库焕发生机

90% 主理人正在选择慢性自杀式选题……

刷了 3 小时热搜榜，最后含泪复用半年前旧选题……

这不是努力，是在自我消耗……

注 只展示部分回复。

> **第 5 种：角度创新法。在竞争激烈的新媒体环境中，新颖的角度才能够让作品脱颖而出。**

避免选题内容陈词滥调的关键在于，创作者要敢打破常规，多以独特的视角看待问题。

传统选题是行业内普遍使用的创作方向。这类选题往往遵循反复出现的固定套路，解决方案局限于行业的常规认知，同质化竞争激烈。与之相对，新视角选题则是通过引入其他领域的方法、结合新的技术或进行反常识、颠覆认知 / 操作等方式，开辟出的创新选题。

以减肥、职场、旅游三个领域来说，它们都非常热门、竞争激烈，传统选题的内容同质化严重。那么，脱颖而出的爆文都切入了哪些新鲜角度？（请参见表 1-2。）

表 1-2　减肥、职场、旅游领域新视角选题举例

领域	传统选题	新视角选题	胜出因素
减肥	明星减肥食谱大公开：月瘦 15 斤的秘诀	收集 100 个减肥失败案例，提炼共同痛点	不是盯着成功案例，而是去分析"减肥失败者"的真实困境
	轻断食减肥法完整操作指南	连续 30 天吃 ××× 减肥实验	做"反套路实验"
	女生必看！显瘦穿搭万能公式	大基数人群职场穿搭 / 术后运动方案	放弃大而全，深挖小众群体的需求
职场	时间管理十大法则：告别拖延症	如何用"高效拖延"提升工作效率？	拆解反常识案例
	Excel 快捷键大全：打工人必备	教财务用 Excel 做动态数据看板	挖掘小众技能
	职场高情商话术 100 句	职场黑话翻译：老板说"你很有潜力"的真实含义	避开常规晋升攻略，聚焦"职场暗知识"
旅游	网红景点打卡攻略	100 个旅行翻车现场与网红照对比	利用人们"厌恶损失"心理，制作"避坑指南"
	情侣浪漫旅行目的地推荐	"社恐"独自旅行指南 / 带宠物自驾痛点	把完美攻略变成"真实冒险"
	暑假亲子游十大热门城市	暑假 10 个冷门图书馆游，养娃必备	反季节、反常规内容

由表 1-2 可见，关于减肥话题的切入，新视角选题不再局限于传统的轻断食介绍，而是另辟蹊径，给出"连续

30 天吃 ××× 减肥"这样贴合年轻人心理的新颖选题，因此能够大大激发用户好奇心，吸引他们深入阅读与探索。

 ## DeepSeek 帮你赢

我们也可以应用 DeepSeek 来做新视角选题的思维拓展，让 DeepSeek 针对不同领域、不同赛道，给出独特视角的选题。假设你是一名商业顾问，需要给服务的客户做选题策划。你可以让 DeepSeek 给出 5 个传统选题及 5 个新视角选题。

点击附件按键，上传参考资料文档，文档中应包含传统选题和新视角选题的定义，以及挖掘新角度选题的方法，然后撰写提示词，对 DeepSeek 提出要求。

提示词参考如下：

你是一位资深的商业顾问，需要给知识付费领域的客户和餐饮品牌的客户做指导。现在，请先深度学习文档中的传统选题和新视角选题的定义，以及挖掘新角度选题的方法（见附件），然后针对两个领域各产出 5 组传统选题和新视角选题，为他们提供有效的新媒体创作思路。具体要求如下：

1. 选题尽量与社会热点相结合；

2. 选题的场景类型要丰富多样；

3. 每个选题下面列出可以拓展的内容；

4.新视角选题能帮助创作者达到更好的引流转化效果。

DeepSeek 的回复：

知识付费领域

传统选题

时间管理十大经典法则

职场沟通话术模板

新视角选题

用 ChatGPT 构建个人知识库

反焦虑学习法：每天专注 11 分钟

职场反 PUA 知识扑克

线下餐饮领域

传统选题

2024 夏季爆款饮品研发日志

餐饮抖音团购运营全攻略

新视角选题

多巴胺饮食：用色彩科学提升客单价

剩菜盲盒：年轻人捡漏背后的行为经济学

餐饮业军备竞赛：无人机送餐实战测评

注 只展示部分回复。

▶ 第 6 种：采集器寻找法。可以充分利用后羿采集器、八爪鱼采集器、新红等数据工具进行选题的收集。

这类工具拥有强大的数据抓取功能，可以从互联网的海量信息中精准抓取所需内容。我们还是以减肥领域为例，展示如何用新红来寻找选题（图 1-8）。

图 1-8　新红数据抓取步骤

第 1 步：输入关键词"健康减肥"。

第 2 步：确定"筛选条件"和"采集范围"，点击"导出结果"下载表格，快速获取与特定主题相关的文章、标题、互动数据。

● 筛选条件：可从笔记分类、笔记类型、内容特征、评论特征和发布时间等维度进行选择。

● 采集范围：可从标题、话题、内容、标签等维度进行设置。

第3步：利用新红"数据工具"中的"评论追踪"功能，从收藏夹添加步骤2中下载的表格，通过高赞评论充分挖掘具有潜力的选题方向。

我们可以重点关注这类高赞评论，因为它反映了粉丝群体的共性需求、共同偏好，然后整理出粉丝在高赞评论中普遍反馈的问题、建议，以此作为选题参考。

对于采集到的信息，你还需要进行进一步的筛选、分析和整理，以便提炼出真正有价值、符合自身需求的选题。

 DeepSeek 帮你赢

我们以健康减肥行业为例，你可以将采集到的信息"投喂"给 DeepSeek，让它来撰写选题。

提示词参考如下：

你是一位资深的营养师，在减肥领域经验丰富。请基于如下采集到的爆款内容数据（含浏览、互动指标及高赞评论），进行深度分析和提炼总结，写出关于"健康减肥"的5个内容选题，帮助健身博主或减脂品牌团队提升视频的打开率和完播率。采集到的数据如下。

高热度减肥内容：

挑战7天瘦5斤：女大学生特种兵式减肥法

播放量：582万人次 | 点赞：34万人次 | 收藏：29万人次

高赞评论："跟着做真的每天掉秤""求更新月经期补救方案！"

营养师揭秘：这些"低卡"食物越吃越胖

播放量：460万人次 | 点赞：27万人次 | 收藏：18万人次

高赞评论："难怪天天吃沙拉还胖了！""求扒网红燕麦杯！"

打工人的暴食自救指南

注 只展示部分搜集到的爆款内容数据。

本节小结

在新媒体创作中，选题是决定内容能否成为爆款的核心。本节介绍了6种找选题的方法——重复爆款元素、挖掘用户真实需求、结合社会热点、引发情感共鸣、创新选题角度以及数据工具辅助。这些方法的核心是抓住用户关注点，用他们熟悉的元素或痛点引发其兴趣。无论是新手还是老手，掌握方法就能从海量信息中快速锁定高潜力选题，避免盲目创作。用 DeepSeek ＋ 6 个方法综合应用，深入分析、精心策划，你就能高效创作出满足用户需求、引发广泛关注和传播的优质内容。

 小练习：请选择一种方法，设计一个适合你所在行业的选题。

本节小练习中的提示词 +DeepSeek 回复，请关注微信公众号"焱公子和水青衣"（ID：Yangongzi2020）。

关注后输入：AI 选题法，即可获取。

第二节　10 个模板直接抄，新手也能复制出千万流量

我们团队在拆解了 12 000 多篇千赞爆文之后归纳出 10 个选题模板，学员在灵活运用后都表示收获很大，创作内容时更加得心应手了。以下为详细分享内容。

一、走捷径型

为解决某个问题，提供一些看似能够快速达到目标的方法或策略（表 1-3）。

表 1-3　走捷径型选题

序号	选题举例	选题方向举例
1	如何在 1 周内学会英语口语	以"1 周内学会英语口语"为例，介绍一些基础的知识和技巧，以及如何在短时间内进行有效的练习，但同时也要提醒用户，要想达到更高的水平仍需长期的努力
2	掌握 10 个小妙招，轻松应对失眠	
3	秘诀大公开！3 天学会弹钢琴	
4	快速提升记忆力的 5 个神奇方法，亲测有效	

模板：短时间 + 学会

常见样式：

①如何在 ×× (时间内)学会 ××

②掌握 ××，轻松应对 ××

③秘诀大公开！×× (时间)学会 ××

④快速 ×× 的方法，亲测有效

需要注意的是，这里的"走捷径"并非让你不劳而获，而是经由自己的经验，总结出合理、高效的学习或做事方法。

二、故事启发型

通过讲述一个引人入胜的故事，传递某种价值观或启发受众的思考（表 1-4）。

表 1-4　故事启发型选题

序号	选题举例	选题方向举例
1	一位残疾运动员的冠军之路	以"我的个人逆袭之路"为例，可以详细描述个人在面对困难和挑战时的坚持和努力，以及所采取的策略和方法。通过个人的真实故事，引起大家的共鸣，激发受众的奋斗精神和对成功的渴望，同时也为受众提供借鉴和启示
2	从月薪三千元到年薪百万元，我的个人逆袭之路	
3	一位单亲妈妈的创业传奇	
4	从负债累累到财务自由，我的财富翻转密码	

模板：人物故事 + 价值观

常见样式：

①一位 ×× (什么人)的 ×× 之路

②从 ×× 到 ×× (金钱)，我的 ×× 之路

③一位 ×× (身份) 的 ×× 传奇

④从 ×× 到 ×× (金钱)，我的 ×× 密码

三、观点辩论型

针对某个具有争议性的话题，提出自己独特的观点，并引发受众的讨论和辩论 (表 1-5)。

表 1-5 观点辩论型选题

序号	选题举例	选题方向举例
1	当代年轻人该不该买房？	以"人工智能最终会取代人类工作吗"为例，可以从经济、社会、个人发展等多个角度分析利弊，提出自己的观点，并引导受众在评论区发表自己的看法。这种选题能够激发参与热情，增加文章的互动性和传播度
2	人工智能最终会取代人类工作吗？	
3	高考是"小镇做题家"的唯一出路吗？	

模板：大众话题 + 个人观点

常见样式：

① ×× (身份) 该不该 ×× (做什么事)？

② ×× 会取代 ×× 吗？

③ ×× (什么事) 是 ×× (什么人) 的唯一出路吗？

四、清单盘点型

以清单的形式呈现某一品类相关的内容 (表 1-6)。

表 1-6　清单盘点型选题

序号	选题举例	选题方向举例
1	100 部女性成长经典电影推荐	以"10 种适合在家种植的花卉"为例，对每个品类的花卉进行简短的介绍和评价，为受众提供丰富的选择。这种选题简单明了，能够快速满足某类群体的信息需求，吸引大量的关注
2	新手妈妈必备的 50 个生活小妙招	
3	30 本必读的经典文学作品	
4	10 种适合在家种植的花卉	

模板：数量 + 品类内容

常见样式：

①多少部 ×× 推荐

②×ⅹ（什么人）必备的多少个 ×× 妙招

③多少本必读的 ×× 作品

④多少种适合 ××（做什么）的 ××

五、情感共鸣型

记录一个人或一件事所带来的情感冲击，触动受众情感，引发他们的共鸣和情感宣泄（表 1-7）。

表 1-7　情感共鸣型选题

序号	选题举例	选题方向举例
1	那些年，我们错过的爱情	以"那些年，我们错过的爱情"为例，通过回忆过去的情感经历，描绘其中的收获与遗憾，让受众产生强烈的情感共鸣，从而引发他们的分享和传播
2	致 10 年前奋斗中的自己	
3	深夜，写给每一个在异乡打拼的你	
4	当友情遭遇背叛时，几乎没人会这么做	

模板：人物（事件）+情感

常见样式：

①那些年，我们××（做过的什么事）

②致10年前××的××（什么样的谁）

③深夜，写给××（身份）

④当遇到××时（遇到什么事），几乎没人会这么做

六、系列合集型

与模板4相似，但又略有不同，这是将相关主题的内容整理成一个系列合集（表1-8）。

表1-8　系列合集型选题

序号	选题举例	选题方向举例
1	世界十大未解之谜系列	以"金庸武侠小说中的经典人物分析系列"为例，可以对金庸笔下的众多经典人物进行逐一剖析，每一个人物选题都能成为一篇文章，如郭靖的正直忠诚、黄蓉的机智聪慧等，让用户在单篇中重温那些令人难忘的角色，引发其到账号内去看完整个系列的冲动
2	中国古代四大美女的传奇人生	
3	金庸武侠小说中的经典人物分析系列	
4	中国传统节日的美食系列	

模板：主题+内容系列

常见样式：

①世界××系列

②×××国××

③ ×× 小说中的 ×× 分析系列

④ ×× 传统节日的 ×× 系列

七、实用干货型

提供具有实际操作价值的知识和技巧（表 1-9）。

表 1-9　实用干货型选题

序号	选题举例	选题方向举例
1	摄影新手必备的十大构图技巧	以"摄影新手必备的十大构图技巧"为例，详细介绍中心构图、对称构图、三分法构图等具体技巧，配以示例图片和详细说明，让用户能够迅速掌握并应用到实际拍摄中
2	职场沟通的 6 个高效方法	
3	新手炒股的保姆级入门指南	
4	4 种衣物收纳折叠技巧，让衣柜空间大 3 倍	

模板：领域 + 方法 / 经验整理

常见样式：

① ×× 新手必备的 ××

② ×× 的多少个高效方法

③ 新手 ××（做什么事）的保姆级入门指南

④ 多少种 ×× 的技巧

八、前后对比型

通过展示事物前后的变化来突出重点、吸引注意（表 1-10）。

表 1-10　前后对比型选题

序号	选题举例	选题方向举例
1	从自卑自怜的胖妹到自信拉满的辣妹，我的惊艳转身	以"从150斤到95斤"的减肥选题为例，可以写减肥前的情况及展示减肥后的结果。比如饮食的调整，从暴饮暴食到规律的营养搭配；比如运动方式的转变，从完全不运动到坚持每天有氧运动和力量训练；比如心态，从自暴自弃到积极乐观。也可以分享减肥期间遇到的困难和如何克服挫折，激励用户勇敢改变自己
2	我的天！化完妆我妈都认不出我啦	
3	从150斤到95斤，我做了些什么？	

模板：做前情况 + 做后情况 + 对比结果

常见样式：

①从 ×× 到 ××，我的惊艳转身

②我的天！×× 后 ×× 都认不出我啦

③从 ×× 到 ××，我做了些什么

九、反常规型

挑战传统观念或常规认知，提出与众不同的观点（表 1-11）。

模板：传统观念 + 反常规观点

常见样式：

① ××？（传统观念）你可别再被误导了！

② ××？（传统观念）这只是个美好的愿望！

③ ××？（传统观念）还真能！

④ ××？（传统观念）那是你不懂！

表 1-11　反常规型选题

序号	选题举例	选题方向举例
1	万般皆下品，惟有读书高？你可别再被误导了！	以"漂亮不能当饭吃？还真能！"为例，可以写打破人们"漂亮不能当饭吃"的传统观念。比如，在模特与演员等行业里漂亮是敲门砖；网络直播或服务行业中漂亮大方的女孩能获得更多机会。同时，漂亮不单指外在，内在修养高、知性优雅、气质如华才能长久稳定发展
2	善良就会有好报？这只是个美好的愿望！	
3	钱不是万能的？那是你不懂！	
4	漂亮能当饭吃？还真能！	

十、贴标签型

给某类人物行为贴上独特的标签，吸引受众的注意力（表 1-12）。

表 1-12　贴标签型选题

序号	选题举例	选题方向举例
1	"佛系青年"的生活态度，说的是你吗？	以"'佛系青年'的生活态度，说的是你吗？"为例，可以写佛系青年的生活态度别具一格，他们在工作时尽力但不强求，不为名利过度竞争。人际交往中随心不刻意迎合，只与志同道合者深交。消费上追求简单实用，不崇尚奢华。这样带着对人物"标签化"的内容能引发用户思考，促使大家探讨这种现象
2	"社恐"的内心独白，请对号入座	
3	"空巢青年"的生活写照，太真实啦！	
4	"斜杠青年"的多面人生，你根本不懂！	

模板：人物标签 + 行为标签

常见样式：

① ××，说的是你吗？

② ××，请对号入座。

③ ××，太真实啦！

④ ××，你根本不懂！

 DeepSeek 帮你赢

你可以应用 DeepSeek 来套用模板，快速生成一篇内容。

方式一：单一模板的使用

现在，让我们把资料"投喂"给 DeepSeek，请它写出宠物行业的 3 个选题。

提示词参考如下：

你是一位资深的萌宠博主，非常了解抖音平台的规则和宠物行业的传播规律。请阅读学习爆款选题模板资料（见附件），为宠物领域策划 3 个短视频选题，给宠物内容创作者和宠物电商运营团队提供参考。要求产出的选题带有明确的人物标签，对提升视频的完播率有帮助。

DeepSeek 的回复：

选题 1：给孩子一天洗三次澡的洁癖家长，说的是你吗？

选题 2：给狗狗点饮料的溺爱党，请对号入座！

选题 3：对着监控和猫唠嗑两小时的留守家长，太真实啦！

方式二：综合模板的使用

一次性"投喂"10 个模板，让 DeepSeek 自行选择、整合、创作内容。这种方式适合矩阵号运营，可批量化产文。

以机器人制造行业为例，假设 DeepSeek 要扮演的是一家机器人制造公司的新媒体运营，期望在新媒体平台上批量产出内容、做出爆款。现在，把 10 个模板全部以附件形式上传，然后撰写提示词，让 DeepSeek 写出 20 个选题。

提示词参考如下：

你是一位资深的科技公司新媒体运营，了解抖音平台规则和机器人行业趋势。请阅读并学习选题模板资料（见附件），写出 20 个关于"机器人"的短视频选题，给科技达人、机器人企业、电商团队提供参考。选题要与当下的社会热点结合，能有效提升视频的商品转化率。注意：每个模板写出两个标题，并标注清楚。

DeepSeek 的回复：

模板 1：走捷径型

1.3 天让机械臂学会泡茶！柔性抓取算法速成指南。

2. 秘诀大公开！1 小时让扫地机器人效率翻倍。

模板 2：故事启发型

1. 从养猪场到 AI 实验室：95 后女孩的机器人驯化之路。

2. 从负债 200 万元到年入千万元：我的陪护机器人创业血泪史。

模板 3：观点辩论型

1. 机器人护工该不该有"关机权"？脑机接口伦理大激辩。

2. 机器人写作业是教育革命还是作弊？特级教师当场破防。

注 只展示部分回复。

本节小结

本节提供了 10 个爆款选题模板，核心是降低创作难度。新手借助 DeepSeek+ 模板能快速上手，使用时需注意结合自身领域特点，不生搬硬套，要灵活调整。加入真实细节或情感，才能让内容既有套路又不失个性。

本节小练习：请选择本节中的一个模板，设计一个选题（假设你想以"家庭健身"为主题，那么可以选择实用干货型模板来设计选题）。

本节小练习中的提示词 +DeepSeek 回复，请关注微信公众号"焱公子和水青衣"（ID：Yangongzi2020）。

关注后输入：AI 选题模板，即可获取。

第二章 | 包装思维：7 个标题公式让点击率暴涨 300%

DeepSeek 创作红利

新媒体平台上每天都有海量信息，用户凭什么愿意把注意力给你？不管是文章还是视频，能否成为爆款，50%取决于标题。标题决定了用户是否会驻足、会点开。不同标题下，即使是选题相同的文章，阅读量和传播效果也有可能天差地别。比如，《哪吒2：魔童闹海》爆火，有博主这样写标题："全民追捧，哪吒2为何这么火？"文章阅读量只有几百。而有的博主写："怼天怼地的哪吒，唯独没反叛的是什么？""抱歉，我无法共鸣哪吒！"文章阅读量均达"10万+"。

第一节　10 秒生成爆款标题，AI 榨干热点红利

认真打磨标题是每个创作者的重要任务。下面，给大家分享我们带学员实操时常常使用的 7 个标题公式。

公式一：新闻式标题 = 热点 + 关键词 + 观点

▶ **找到热点。** 热点捕捉需要系统化追踪与精准判断（表 2-1、表 2-2）。

在实践中，我们还会用到一个"野路子"方法——时效管理策略，也能得到很多第一手的热点事件（图 2-1）。

图 2-1　时效管理策略

▶ **提取关键词。** 我们常使用"5W1H"事件分析法。

以 2024 年 1 月爆火出圈的哈尔滨旅游为例，关键词提取

表 2-1 常见热点来源

常见热点来源		
公共事件	社会现象	文娱焦点	科技动态
政策调整	热门景区客流量大	某某演员"塌房"事件	ChatGPT 重大更新	室温超导争议
气象变化	多巴胺穿搭风潮	爆款影视剧		DeepSeek 火爆全球

表 2-2 热点核心监测渠道

热点核心监测渠道	
权威信源	时政要闻	如人民日报、央视新闻
	重大发布	如新华社通稿
	地方新闻	各省市电视台新闻
社交平台	微博热搜榜单	抖音热榜热话题	小红书热点榜
垂类阵地	虎扑热帖（体育）	雪球热议（财经）	B 站每周必刷榜单

如下（表 2–3）。

表 2–3 "5W1H"事件分析法案例解析

要素	定义	关键词提取方向	举例
Who	事件主体	人物 / 机构 / 群体特征	哈尔滨文旅局、南方游客
What	发生事件	核心动作 / 关键数据	冬季玩转哈尔滨
When	时间节点	时效性 / 周期规律	冬季旅游旺季
Where	发生地点	地域特征 / 场景符号	中央大街、索菲亚教堂
Why	原 因 / 冲突点	矛盾本质 / 情绪触点	旅游服务争议
How	解决方式 / 传播路径	应对措施 / 传播爆点	退票机制、网络营销

生成观点。想让标题吸引人，得把关键词变成能引发讨论的观点。

● 找对立面。就像菜市场砍价要有来有回，观点也需要制造冲突。针对"预制菜进校园"的新闻，可以生成观点："学校食堂用预制菜，是省事还是害娃？"针对人工智能立法领域的新闻，可以生成观点："AI 跑得比法律快，该给它拴绳子吗？"看到热点就先画正反符号，然后把关键词拆成两派阵营，观点自然而然应运而生。

● 戳心窝子。把读者心里憋着的话说出来就赢了。比如"这个世界破破烂烂，总有人在缝缝补补"。你要学会给关键词裹上情绪外衣，像愤怒、感动、焦虑等，选中一种放到标题上，就能取得奇效。

● 给说明书。别光说事，重要的是教人怎么用。要让用户在标题上，就能看到方法论。针对"酱香拿铁爆火"，可以生成观点："瑞幸 + 茅台示范课——让年轻人上头的配方公式。"

把关键词变成"怎么做"的步骤清单或通关秘籍，就能让人有忍不住点开标题的冲动。

★ **新闻式标题常见爆款词（图 2-2）。**

图 2-2　新闻式标题常见爆款词

将爆款词代入标题中，可以看到如下案例（表 2-4）：

表 2-4　爆款词案例

序号	热点事件	普通标题 / 阅读量	新闻式标题 / 阅读量
1	"天问一号"首探火星	逐梦苍穹，问天探火｜"天问一号"火星探测器 / 2415	"天问一号"首探火星事件：九分钟生死考验如何改写历史？/ 4 万 +
2	2025 年春节档票房破百亿	破 100 亿！2025 年春节档新片总票房再创新高 / 1637	春节档票房破百亿冲上热搜第一：中国影人打破外包魔咒？/ 5 万 +
3	新能源汽车出海	鄙视到追捧，中国新能源车在海外做对了什么？/ 571	全网关注！新能源车销量碾压德日：中国凭何领跑？/ 3 万 +
4	新型养老	好消息！新型养老方式来了，养老不用再发愁 / 905	"新型养老"火了：既不用去养老院，也不拖累子女，太治愈了 / 10 万 +

DeepSeek 帮你赢

DeepSeek + 豆包，是新闻式标题的绝佳搭档。

步骤 1：用豆包搜索热点新闻。豆包可以每天自动搜索抖音的热点。

● 直接查找，即在豆包对话框中输入指令，如"娱乐热点""抖音热点新闻"。豆包就会开启搜索，查找你要的内容。

● 从"豆包日报"中查找。在豆包的工具栏中找到"豆包日报"选项，点击，就会弹出"看看豆包日报"，即可看到当天的热点新闻。"豆包日报"可以进行"偏好设置"，点开"偏好设置"后你就可以选择喜欢的行业新闻，还可以选择在固定的时间推送。

步骤 2：选择新闻，"投喂"给 DeepSeek 做分析。当通过豆包找到热点事件后，我们选择其中一个热点事件复制出来，投喂给 DeepSeek，让它按照"5W1H"事件分析法快速提取关键词。

提示词参考如下：

你是一个新媒体编辑，非常了解新媒体文章内容调性。现在你要按照"5W1H"事件分析法从下列热点事件中提取 3~5 个关键词。要求：与事件强相关，提取的关键词要精准正确。

 后续内容省略。

DeepSeek 的回复：

1. ×× 客服诈骗（覆盖 Who 和 What）

2. 刷脸验证（属于 How 中的技术手段）

3. 资金冻结（How）

4. ×× 警方（Who 和 Where）

5. 电信诈骗（事件性质）

注 只展示部分回复。

步骤 3：确定关键词，让 DeepSeek 生成标题。从上述回复中，选择并确定好其中一个关键词（这里以选定"电信诈骗"为例），上传"生成观点"的三个维度和常见爆款词，让 DeepSeek 选择一个维度 + 一个爆款词，生成一个新闻式标题。

提示词参考如下：

让我们继续，我希望你扮演一个资深新媒体编辑，你非常了解新媒体文章的内容调性。请阅读生成观点的背景资料（见附件）。根据热点事件关键词"电信诈骗"，选择生成观点的一个维度 + 一个爆款词，生成一个新闻式标题。要求：标题带新媒体感，需包含关键词"电信诈骗"，不超过 20 个字。

DeepSeek 的回复：

电信诈骗新套路曝光！全网关注防坑指南

情绪驱动："曝光"直击公众对隐蔽骗局的未知恐惧，触发焦虑感，强化点击欲。

信息增量："新套路"暗示内容独家性，满足读者获取前沿防诈知识的需求。

行动暗示："防坑指南"提供解决方案，符合用户寻求自我保护的心理，提升标题实用性。

注 只展示部分回复。

公式二：数字式标题 = 事件 + 数字 + 结果

▶ 提炼核心事件。

你要确定想要传达的核心事件或主题，我们推荐使用"人—事—果"结构。你可以像说故事一样，快速拆解与提炼出核心事件。比如：

- 人：外卖小哥。
- 事：送餐途中扶老人过马路。
- 果：订单超时被投诉，却收到老人家属送的锦旗。

▶ 确定数字。

在标题中拟数字，要注意：不能用概数，比如写"很多""大量"，要写出精确的、类似标尺刻度一样的数据。举个例子，你若写"高效工作"，用户可能会想，"高效"有多高？是不是指好几种方法论？但如果你写"每天工作 17 分钟"这样精确的数字，它就会像铆钉般立刻钉进用户记忆。

带小数点的数字比整数更有杀伤力，就像"37.6% 的焦虑缓解"比"减少压力"多了一些真实感，因为人永远相信量杯刻度胜过空口白话。我们要让自己写出的数字，都可查验、可考证。

✦ 展示结果。

你还要描述数字带来的结果或影响，该结果是正面的、有吸引力的。

结果不仅是量化指标，还是撬动读者心理的杠杆。当我们在标题中嵌入"可视化结果"时，实际上是在为读者绘制一张可量化的成功蓝图——具象化的承诺比抽象说教更具穿透力。比如，"AI 3 秒搜遍全网爆款素材"就是一个可量化的结果，这一句比抽象地说"做爆款必学 AI"要来得有说服力。

每次写完"展示结果"后，你都需要停下来，观察并问问自己：这样写是否能让目标用户产生"这正是我需要的改变"的共鸣？

公式三：悬念式标题 = 事件 + 悬念点 + 问句

✦ 提炼核心事件（方法见公式二）。

● 挖掘悬念点。分析事件中哪些元素或细节能够引起用户的好奇心和兴趣，找到设置悬念的切入点。以下分享 7 种挖掘悬念点的方法（表 2-5）。

表 2-5　7 种挖掘悬念点的方法

序号	方法	操作	举例
1	信息差制造法	找出事件中未被广泛知晓的关键信息	某些常见低脂食物的热量并不低（大众认知与专业信息存在差异）
2	反常现象放大法	聚焦违背常规认知的细节	某富豪突然抛售所有房产（与常规投资行为相悖）
3	利益关联法	找出与受众切身利益相关的隐藏风险	新出台政策利好消费者（将抽象信息转化为具体利益点）
4	隐藏信息暗示法	暗示存在未被披露的重要细节	某科技公司发布会故意遮挡产品关键部件（制造"部分可见"的视觉或信息缺口）
5	未来预测法	突出事件可能引发的连锁反应	某原材料涨价对下游产业的影响，预测未来三个月将……（未来的变化造就紧迫感）
6	身份反差法	制造人物身份与行为的强烈对比	985 高才生选择当环卫工（可以叠加多重反差元素，比如学历＋职业＋收入）
7	未解之谜法	强调现有信息中的逻辑漏洞	失踪案中监控录像的 3 处异常（用具体数字增强可信度）

▶ 生成问句。

根据悬念点构思一个或多个问句，激发用户的好奇心。以下是 5 种我们的学员常用的悬念感问句（表 2-6）。

表 2-6　5 种悬念感问句

序号	类型	写法	举例
1	开放式悬念问句	核心事实＋开放性疑问	科学家发现月球新坑洞，竟与秦始皇陵布局完全吻合？

续表

序号	类型	写法	举例
2	选择式悬念问句	二元对立选项 + 利益关联	工资到账马上转出还是留在账户，哪个会让你越来越穷？
3	挑战式悬念问句	常识陈述 + 颠覆性质疑	都说早睡早起身体好，为什么创意工作者都在深夜灵感爆发？
4	揭秘式悬念问句	现象描述 + 隐藏信息暗示	都说晒太阳补钙，为什么防晒成为护肤的黄金法则？
5	后果警示问句	行为描述 + 严重后果暗示	还在用这种姿势玩手机？你的颈椎正在发生不可逆变形！

▚ **悬念式标题常见爆款词（图 2-3）。**

图 2-3　悬念式标题常见爆款词

将爆款词代入标题中，我们可以看到如下案例（表 2-7）。

表 2-7　悬念式标题爆款词案例

序号	事件	普通标题 / 阅读量	设置悬念式标题 / 阅读量
1	工作不开心	大多数打工人觉得工作不开心，多是源于性格 / 1254	老祖宗这幅画揭示了为什么你总是工作不开心？ / 10 万 +
2	长期不上班	那些长期不上班的人，结果也不会太差 / 720	那些长期不上班的人，最后都怎么样了？ / 6 万 +
3	高敏感的人容易内耗	高敏感人群最容易出现精神上的内耗 / 645	你太敏感了！你想太多了：高敏感的人如何停止内耗 / 4 万 +

续表

序号	事件	普通标题 / 阅读量	设置悬念式标题 / 阅读量
4	健身小白快速入门	健身小白必看！分享 3 点干货 / 1386	健身小白怎样快速入门？分享 3 条实用干货 / 3 万 +

 DeepSeek 帮你赢

以美业行业为例，让 DeepSeek 按照公式（悬念式标题 =
事件 + 悬念点 + 问句），快速给出 5 个标题。

步骤 1：上传参考资料。将悬念式标题公式的全部内容 +
爆款词案例全部整理在一个文档中，以附件形式上传。

步骤 2：撰写提示词。要求 DeepSeek 学习文档内容，
务必按照公式来写标题。

提示词参考如下：

你是一个美业从业者，正在构思一篇发布在小红书
平台的护肤类文章，面向对象是 20~35 岁的职场年轻女
性，以便提升内容的点击率，吸引更多客户。附件里有
悬念式标题公式 +30 个爆款词等资料，请你认真学习资
料内容，根据以下要求写出 5 个悬念式标题。

要求：

1. 务必按照文档里面的悬念式标题公式和爆款词来写；

2. 标题要能精准锚定护肤痛点；

3. 标题有新媒体感，不能超过 20 个字。

DeepSeek 的回复：

1. 秋冬泛红爆皮的幕后黑手是谁？90%人竟用错急救方法！［事件＋痛点量化＋爆款词（幕后黑手是谁）＋行动暗示］

2. 你敢信？毛孔粗大元凶藏在浴室！这样护肤越护越糟。（爆款词前置＋场景痛点＋错误行为警示）

3. 敏感肌真相竟是过度清洁？每天 2 次洗脸正在毁脸！［反常识结论＋爆款词（真相竟是……）＋场景化指令］

4. 30 岁必看！眼纹加深的背后隐藏了什么？睡前一步逆转年龄。［人群定向＋爆款词（背后隐藏了什么）＋解决方案"钩子"］

5. 面膜越敷越干如何自救？美容师公开私藏的 3 步急救法！［矛盾现象＋爆款词（如何……）＋专业身份背书］

公式四：反转式标题 = 旧认知 + 新反转

▶ **锁定常规旧认知。确定用户对于某个话题或事件的普遍认知或一般预期。**

以前，我们普遍使用的方法是发放调研表，对用户做调研，但在新媒体时代，我们拥有将效率提升 10 倍的做法（图 2-4）。

● 逆向利用搜索引擎。比如，在百度搜索框输入"减肥"，

图 2-4　锁定常规旧认知的做法

就能在页面上看到高频搜索短语"减肥不能吃碳水""减肥平台期"等，这些高频搜索短语往往对应着大众认知误区。又比如，输入"充电"时，会出现"手机充电到 100% 伤电池吗"，这往往对应着大众的认知盲区。

● 关注新媒体平台的用户留言。比如，在携程攻略能看到"旅行后悔经历"的帖子，里面充斥着"早知道不该信网红推荐"之类的高频抱怨内容，就能反向推导出一些人对于"网红景点必打卡"的观点。又比如，在知乎检索"旅游反常识"话题，从 152 条高赞回答中我们可以发现，有不少是被用户反复提及的认知冲突点，像"详细攻略反而降低旅行幸福感"等，就可以知道一些人的观点是"做非常详细的攻略能让旅行有幸福感"。

● 观察爆款内容评论区。在抖音、小红书的热门视频的评论区中，筛选出点赞量最高的前 20 条用户评论。这样你就能反向追溯这些用户被打破的旧认知。

经我们的学员大量实测证明：以上 3 种方法交叉验证，

一般情况下能在 2~3 个小时内锁定 5~8 个高潜力的认知靶点。

▶ 寻找新的反转角度。分析并找出能够颠覆常规认知的元素或事实，这些反转需出人意料且具有价值。

给大家分享 4 个新手也能立马上手的反转点挖掘法，半小时能挖出 20 个反转点。

方法 1：搜索关键词。在知乎、小红书搜与"打脸"相关的关键词，比如"错的""被骗了""没用"等。在搜出来的笔记里，打开评论区，从高赞回答中直接摘录别人验证过的反转结论。

方法 2：找"反常识"的实验。在抖音、B 站查找这类记录实验内容的视频：凡是违反常理但有人实操成功的案例，都是现成的反转点。

方法 3：查询最新研究报告。用"微信搜一搜"功能搜"××（领域）最新研究"（注意看最近的年份）。

方法 4：盯住"老人言"。收集长辈常说的俗语 / 禁忌，然后去专业机构的公众号、网站去查科普文章，依靠专家来"打脸"老话，是天然反转点。

▶ 反转式标题常见爆款词（图 2-5）。

图 2-5　反转式标题常见爆款词

将爆款词代入标题中，可以看到如下案例（表 2-8）：

表 2-8　反转式标题案例

普通标题／阅读量	反转式标题／阅读量	旧认知	新反转
1 我妈觉得我的人生很失败／309	一天赚普通人两个月工资，但我妈觉得我失败／2万+	赚不到钱，我妈觉得我很失败	一天赚普通人两个月工资，但我妈觉得我失败
2 瘦了30斤，是一种怎样的体验？／1629	她一个月瘦了30斤，但是她说后悔死了／5万+	一个月瘦了30斤，很开心	一个月瘦了30斤，后悔死了
3 裸辞30天后，我都做了什么／378	裸辞30天后，我发现比上班还累／2万+	裸辞30天，我发现很轻松	裸辞30天，我发现比上班还累

 DeepSeek 帮你赢

以教育行业为例，让 DeepSeek 按照公式（反转式标题 = 旧认知 + 新反转），快速给出 2 个标题。

首先，把选题内容或文章初稿 + 反转式标题公式内容 + 爆款词案例，全部整理好，放入同一份文档。其次，上传文档。最后，撰写提示词，让 DeepSeek 阅读文档资料后，务必按照公式来写标题。

提示词参考如下：

你是一个线上教育行业从业者，正在创作一篇关于家庭教育类的文章。读者画像是 6~18 岁小初高孩子的家长。请你认真阅读背景资料（见附件）后，给这篇文章写出 2 个反转式标题。

要求：

1. 务必按照反转式标题公式和爆款词来写；

2. 标题要能精准锚定教育行业痛点或热点；

3. 标题要有新媒体感，不能超过 20 个字。

DeepSeek 的回复：

1. 逼孩子学习，才是害他！新教育真相。（痛点：填鸭式教育 | 结构：……才是……）

2. 快乐教育≠成绩差，但是 90% 家长做错了！（痛点：素质教育困境 | 结构：……但是……）

公式五：受众式 = 目标人群 + 相关主题

➤ 目标人群。首先明确你想要吸引的目标受众是什么群体，尽可能去了解他们的需求。

你可以从以下 6 个维度来明确受众需求（表 2-9）。

表 2-9 确定目标受众的 6 个维度

维度名称	维度内容	实施	案例
基础属性	年龄/性别/职业/教育水平/婚姻状况等。这些要素直接影响内容表达方式的选择	问卷星调研表单、社交平台后台粉丝画像（如公众号用户分析）、行业白皮书数据交叉验证	青少年（科技/潮流文化）；职场人士（职业发展/行业动态）

续表

维度名称	维度内容	实施	案例
兴趣偏好	用户主动关注领域（娱乐/科技/财经等）、内容互动倾向（干货/情感/猎奇）	通过用户行为数据追踪，梳理出高频互动的领域标签，这决定了内容的话题切入点与价值共鸣点	美妆爱好者、科技发烧友或影视剧迷等圈层特征；一个健身账号就能利用 B 站"舞蹈区"热门标签数据，开发"宅家燃脂舞蹈课"专题
行为习惯	内容消费时间规律、设备使用偏好（手机/平板）、内容形式依赖度（视频/图文）	观察用户在特定平台的内容消费规律，包括活跃时段、阅读时长、设备使用偏好（移动端/PC 端）及内容形式倾向（图文/短视频）	了解到某知识付费平台 21~23 时付费课程的点击量占全天的 65%，将白天直播调整为晚间直播来提升转化率
消费能力	消费决策敏感度（价格/品牌）、购买力分层（高端/性价比）、复购行为特征	结合地域经济水平与历史消费数据，区分价格敏感型与品质导向型用户	美妆博主通过私域调查，了解到客户的淘宝"年消费额"数据，就专门为这类高消费群体定制"贵妇级护肤全流程"内容，产品销售量也随之提升
地域文化	方言使用习惯、气候环境影响、地域性热点事件敏感度	考量方言使用习惯、气候环境影响及地域性热点话题。向北方用户冬季推出保暖用品测评，与面向沿海城市制作的防潮指南，就需呈现差异化内容框架	成都本地号结合"阴雨天气持续两周"热点，发布"室内氛围感拍照指南"，当日转发量超日常 3 倍

续表

维度名称	维度内容	实施	案例
深层需求	未明确表达的焦虑点（比如职场竞争／育儿压力）、情感共鸣触发机制	Python 情感分析库、问卷开放式问题挖掘、私域社群 UGC 内容爬取与提炼，评论区分析	某育儿账号通过抖音巨量算数的关键词发现"时间管理"在那段时间内成为高频痛点，遂策划时间管理系列实操型解决方案，阅读完成率提升 20%

▸ **相关主题。根据对目标人群的了解，选择一个与他们紧密相关的主题或话题。**

主题要紧密围绕目标人群的需求、兴趣、痛点和喜好来选择，这样才能吸引他们的关注。你可以通过以下几个方法来找话题（表 2-10）。

表 2-10　找相关话题的 7 个方法

序号	方法	实施	举例
1	数据挖掘	强调通过分析用户行为数据来发现需求	①假设目标人群是家庭主妇，她们关注家庭生活、子女教育、健康养生等方面，那么相关主题可以是"家庭主妇的健康养生秘诀""培养优秀孩子，家庭主妇必学的教育方法"等。②假设目标人群是学生群体，他们关心学业进步、兴趣爱好培养、校园生活等内容，主题可以设定为"学生提高学习效率的实用方法""学生必看的兴趣爱好培养指南"等
2	场景还原	通过用户日常场景来寻找内容切入点	
3	竞品爆款解构	分析竞争对手的成功案例	
4	趋势预判	利用工具预测热点	
5	情感共鸣	挖掘深层情感需求	
6	反向验证	通过测试确认主题有效性	
7	动态迭代	持续优化选题库	

受众式模板常见用词（图 2-6）。

图 2-6　受众式标题常见爆款词

将爆款词代入标题中，可以看到如下案例（表 2-11）：

表 2-11　受众式标题案例

序号	普通标题 / 阅读量	受众式标题 / 阅读量	目标 人群	相关主题
1	切记！朋友圈里有四不晒 / 1350	中年以后，不要在朋友圈里晒这 4 样东西 / 9 万 +	中年人	不要在朋友圈里晒这 4 样东西
2	当代人不想结婚的 7 个真相 / 1067	那些 30 岁不结婚的人，都在等什么 / 6 万 +	30 岁不想结婚的人	30 岁不结婚的人，都在等什么
3	东北人太会提供情绪价值了！/ 902	东北人的情绪价值有多高？/ 4 万 +	东北人	东北人的情绪价值有多高？
4	真心建议在职场中不要太老实 / 790	打工人必看！打工而已，千万不要太老实 / 20 万 +	职场打工人	打工而已，千万不要太老实
5	给大家分享一下我的择偶标准！/ 386	希望所有未婚女孩都能明白的择偶准则 / 3 万 +	未婚女孩	择偶准则
6	小基数如何快速减脂？避开饮食＋运动减肥误区 / 769	100-130 斤看！小基数怎么吃＋运动？亲测总结 / 3 万 +	100~130 斤	小基数怎么吃＋运动？

DeepSeek 帮你赢

以美妆行业为例，让 DeepSeek 按照公式（受众式标题 = 目标人群 + 相关主题），快速给出 2 个标题。先整理资料，准备好要上传的附件资料：你的人物选题或文章初稿 + 受众式标题公式内容 + 爆款词与案例。接着，上传附件，撰写提示词，提醒 DeepSeek 务必按照公式来写标题。

提示词参考如下：

你是一名美妆行业从业者，正在创作一篇准备发布在小红书平台的护肤品推荐文章，选题是"学生党护肤品推荐"。下面请你认真阅读附件资料（内含选题资料 + 受众式标题公式资料 + 爆款词与案例），根据以下要求，写出 2 个受众式标题。

要求：

1. 务必按照受众式标题公式和爆款词来写；

2. 标题要有新媒体感，不能超过 20 个字。

 不展示附件内容。

DeepSeek 的回复：

1. 学生党必入！50 元内护肤好物清单。（精准锁定人群 + 价格锚点 + 福利感，用"必入"强化种草指令。）

2. 学生党护肤指南：百元内养出"牛奶肌"！（人群 +

场景化效果，用"牛奶肌"创造视觉联想，百元预算精
准符合学生消费力。）

公式六：名人式 = 名人观点 + 相近角度

🏹 **选定名人。**

确定你想要引用的名人，他们应该是在目标受众中有影
响力的人物。

🏹 **确定名人观点。**

有一些专门的名言数据库网站，这些网站收集了大量名
人的名言，并且按照不同的主题进行了分类，查找起来非常方
便快捷。

🏹 **提炼相近角度。**

基于选定的一句名人观点，提炼出一个与观点相近的角
度。我们常用的是"情境拓展法"，即根据名人观点所处的原
始情境，拓展到其他相关情境中，从而形成创作者独特的立场。

🏹 **名人式模板常见用词**（图 2-7）。

图 2-7　名人式标题常见爆款词

将爆款词代入标题中，可以看到如下案例模板（表 2-12）。

表2-12　名人式案例模板

序号	普通标题 / 阅读量	名人式标题 / 阅读量	名人观点	相近角度
1	人生多烦恼，唯有读书是解药 / 1688	毛姆：人生多烦恼，唯有读书是解药 / 10 万 +	毛姆	人生多烦恼，唯有读书是解药
2	婚姻的 3 个真相，你必须知道 / 459	毛姆《面纱》：婚姻的三大真相，个个戳心 / 4 万 +	毛姆《面纱》	婚姻的三大真相，个个戳心

 DeepSeek 帮你赢

以读书沙龙主理人要策划一次读书沙龙为例，让 DeepSeek 按照公式（名人式标题 = 名人观点 + 相近角度），快速给出 3 个与名人余华相关的标题。

首先，我们在抖音、小红书、视频号等平台搜索查找与余华相关的爆款作品（搜索方法见本书第三章），然后摘录下这些与余华相关的高流量标题。你也可以直接用 DeepSeek 来搜索，点开"联网搜索"即可（注意，DeepSeek 的搜索有时并不准确，你需要对搜索结果做出验证与甄别）（图2-8）。

提示词参考如下：

你是一个线下读书沙龙活动发起人，正在策划一场分享活动，活动主题是"心态不好的人，一定要多读读余华"。要通过吸引人的标题来吸引参与者，特别是那些对余华作品感兴趣或正面临焦虑和内耗的读者。请你根据活动主题，全网搜索 10 个相关的高流量标题。

当 DeepSeek 搜索完成后，会给出回复（图 2-9）。

图 2-8　DeepSeek 的联网搜索　图 2-9　DeepSeek 的部分回复

其次，将搜索到的标题放入文档，以附件形式上传给 DeepSeek 做背景资料（文章初稿 + 名人式标题公式内容 + 爆款词和案例 +10 个高流量标题），让 DeepSeek 阅读、学习文档内容，生成新标题。

提示词参考如下：

让我们继续。你是一个线下读书沙龙活动发起人，正在策划一场读书会，撰写宣传文案。沙龙主题为"余华与其作品疗愈焦虑"，现需为文案设计高传播力的标题，希望能精准触达 25~35 岁焦虑高压人群，激发其参与动机。请你认真浏览背景资料文档内容（见附件），根据以下要求，写出 3 个名人式标题。

要求：

1. 务必根据文档内容来生成新标题；

2. 注意适用场景是线下读书沙龙，要符合沙龙标题的要求；

3. 标题既能体现余华作品的价值，又能引起目标受众的共鸣。

DeepSeek 的回复：

1. 一场跟余华对话的沙龙／高压一代：为什么《活着》才是焦虑时代的解药？

（传播逻辑：名人＋痛点直击＋价值关联。用"活着"双关现代生存困境，将文学经典转化为治愈符号，触发目标群体"在经典中找答案"的参与动机。）

2.30 岁年轻人必来的一场读书沙龙！余华教我生存哲学：至暗时刻这样扛！

（传播逻辑：年龄锚定＋认知反差。借余华的笔下智慧破解精英焦虑，用"这样扛"引发悬念，"至暗时刻"吸引用户参与线下活动的情感共鸣需求。）

3. 来沙龙听"余华没说的真相：读《兄弟》治不好焦虑，但能让你勇敢直面它"！

（传播逻辑：反套路＋价值重构。通过颠覆常规治愈话术，塑造真实深刻的沙龙调性，吸引深度思考型用户，标题中"勇敢直面"精准切中高压人群的心理刚需。）

公式七：干货式 = 用户困境 + 实用干货 + 结果 / 好处（结果的量化）

➤ **找到用户最关心的困境问题：确定你的目标受众所面临的具体问题或挑战，具体分为 3 步（图 2-10）。**

图 2-10 找到用户最关心问题的步骤

第一步，了解目标受众（方法见公式五受众式）。第二步，积极与目标受众互动交流。可以在社交媒体平台、相关论坛社区发起话题讨论，倾听他们的心声。比如，在程序员论坛能了解他们在技术提升、项目压力等方面的困扰。第三步，多分析竞品内容。查看同领域热门文章，总结出那些被广泛提及且未得到有效解决的问题，这往往也是自己目标受众关心的困境。

➤ **提出解决方案，给到落地实用干货。写出有实用价值的干货，关键在于确保内容的可操作性。**

干货要基于可靠的理论和实践经验。可以引用权威研究报告、行业专家观点，增加可信度。同时，结合实际案例说明，让读者更好地理解应用。比如，某运营新人需要写一篇通过合理规划，成功转型的文章，想要写出干货，应详细阐述其转型过程中采取的方法步骤与经验启发。

▶ 量化结果或好处。

明确解决方案带来的具体结果、好处，并尽可能进行量化，以数据（如通过数字、百分比或其他度量单位）形式呈现出来。

▶ 干货式模板常见用词（图 2-11）。

图 2-11　干货式标题常见爆款词

将爆款词代入标题中，可以看到如下案例（表 2-13）：

表 2-13　干货式标题案例

序号	普通标题 / 阅读量	实用干货式标题 / 阅读量	量化结果 / 好处
1	如何摆脱"班味儿"？/ 1308	如何摆脱"班味儿"？就 3 招，还原你的美貌 / 3 万 +	3 招还原美貌
2	普通女孩该如何逆袭？/ 298	普女逆袭｜ 3 个细节养成"富感女"/ 5 万 +	3 个细节养成"富感女"
3	怎样美白才真正有效？/ 623	资深柜姐教的 3 步美白手法！千万别白太狠 / 2 万 +	3 步美白手法能变很白
4	如何才能避免被社会毒打？/ 421	防社会毒打！看懂这 4 条，赚钱路上少遭罪 / 30 万	4 种赚钱路上少遭罪的法子
5	重塑白皙透亮肌｜最简单有效的懒人美白方法 / 1410	黄黑皮翻盘！6 个懒人美白妙招，一站式逆袭 / 15 万 +	6 个懒人美白妙招
6	其实你不是懒，而是能量太低了 / 759	"懒得动"是身体在给你警告！这 3 件小事，迅速帮你恢复动力 / 10 万 +	3 件迅速帮你恢复动力的小事

DeepSeek 帮你赢

以医疗行业为例，按照公式（干货式标题 = 旧认知 + 新反转），让 DeepSeek 快速给出 3 个标题。

步骤 1：采集对标样本。点击 DeepSeek 的联网搜索，搜索 3~5 个与"咳嗽"等呼吸道疾病相关的爆款标题（图 2-12）。

---

1. 「咳嗽别乱吃药！国家卫健委警示：儿童镇咳药使用需谨慎，当心痰堵致命风险」

- **核心亮点**：结合权威机构警示（国家卫健委）和儿童健康这一高关注群体，突出镇咳药潜在风险，如痰液积聚引发窒息等 2 7。

2. 「男子咳嗽拖成'白肺'进ICU！医生：流感季这些症状必须及时就医」

- **核心亮点**：用真实案例（网页5鲁先生案例）制造紧迫感，强调延误治疗的严重后果，同时关联流感季高关背景，吸引读者关注典型危险信号 7。

3. 「春季过敏咳不停？中医专家支招：三穴五针＋食疗，轻松护好呼吸道」

- **核心亮点**：结合春季过敏高发期（网页6），引入中医特色疗法（针灸、穴位按摩）和养生建议，满足公众对非药物疗法的兴趣，同时贴合换季健康需求 8。

4. 「咳嗽超3周当心肺癌！医生提醒：这4种症状出现一个就要查」

- **核心亮点**：以"癌症预警"为切入点，引用网页3中咳嗽持续、咳血等高风险症状，用数字罗列增强记忆点，引发健康焦虑与自查意识 5 4。

图 2-12　采集对标样本

步骤 2：对搜索结果做出验证与甄别。鉴于医疗健康类内容直接关乎用户健康安全，发布者的专业资质是信息可信度的核心保障。在 DeepSeek 给出搜索结果时，务必对该内容的创作者身份进行核查——若发布者为医生，其抖音主页通常会有官方认证的"职业标识"（如黄 V 认证、医师资格说明），优先选择此类经平台审核背书的账号发布的内容，可有效规避伪科学风险（图 2-13）。

图 2-13　平台的黄 V 认证与实名认证

步骤 3：应用公式生成新标题。 上传背景资料（3~5 个与"咳嗽"等呼吸道疾病相关的爆款标题＋标题公式＋爆款词），以附件形式给到 DeepSeek，让它阅读学习文档内容，生成新标题。

提示词参考如下：

你是一名三甲医院呼吸科护士，需要在新媒体平台做医疗科普。现正在创作一篇呼吸道疾病相关的文章。请你认真阅读学习相关资料（见附件），根据以下要求，写出 3 个干货式标题。

要求：

1. 务必根据文档内容来生成新标题；

2. 标题具有权威性，有可信度；

3. 标题不超过 20 个字。

DeepSeek 的回复：

1. 久咳 3 周要警惕！呼吸科 7 步排痰肺功能升 23%。

（困境具象化 + 科室权威 + 量化疗效）

2. 慢阻肺防护 5 招，急性发作风险降 67%。

（高危群体锁定 + 科学防控 + 数据震慑）

3. 哮喘急救 3 禁忌，三甲护士演示零失误。

（致命误区警示 + 专业操作可视化 + 安全承诺）

本节小结

在新媒体创作中，标题是吸引用户点击的关键。本节介绍了 7 种高效标题公式：新闻式标题需结合热点、关键词和观点，数字式标题用具体数字量化结果，悬念式标题通过疑问句制造认知缺口，反转式标题打破常规认知，受众式标题锁定目标人群，名人式标题借名人效应引流，干货式标题提供解决方案。每种公式都需紧扣用户痛点，结合数据或场景增强吸引力。此外，AI 工具如 DeepSeek 可辅助生成标题，例如：输入热点事件，快速提取关键词再生成带爆款词的标题。通过 DeepSeek+公式，能大幅提升标题点击率，避免内容被埋没。

⚐ **本节小练习**：假设你是一名美妆博主，需为"夏季防晒误区"主题设计标题，请用 DeepSeek 辅助完成。

本节小练习中的提示词 +DeepSeek 回复，请关注微信公众号"焱公子和水青衣"（ID：Yangongzi2020）。

关注后输入：AI 标题，即可获取。

第二节　1000 条标题库随身带？灵感与流量永不枯竭

撰写文章时，我们常常面临一个挑战：如何创作出既吸引人又让人难以忘怀的标题。尽管我们前期可能已投入大量时间精力，但最终成果有时却难以达到预期。这说明，靠记忆和即兴创作是不够的，你需要建立一个标题库，它不仅能提升你制作标题的效率，还能逐渐培养出你的直觉，让你能迅速识别哪些标题更有可能吸引用户注意。

一、建立收集机制

◤ 设定收集标准。可根据以下 5 个维度来搜集（表 2-14）。

表 2-14　设定收集标准

5 个维度	分类标准	具体说明
平台属性	小红书 / 公众号 / 知乎等	区分不同平台的高赞标题风格
行业领域	根据你的赛道进行收集（如职场 / 情感 / 个人成长）	按你的目标写作领域针对性收集
情绪类型	焦虑 / 愤怒 / 好奇 / 爽感	标注标题引发的核心情绪
结构拆解	可参考本书中的 7 个爆款标题公式	分析标题框架公式

5 个维度	分类标准	具体说明
爆文阈值	点赞 > 1 万 / 收藏 > 5k/转发 > 2k	仅收录真实高互动标题

➤ **制订收集计划。** 可根据以下几个阶段进行收集（表 2-15）。

表 2-15　制订收集计划

阶段	执行动作	操作要点	工具推荐
日常收集	每日浏览 30 分钟目标平台，截图、复制高互动标题	1. 优先抓取同时满足 2 个爆文标准的标题 2. 记录发布时间、点赞量	零克查词、新榜
每周整理	按"情绪—结构"双维度分类存档	1. 删除重复标题 2. 标注可模仿的标题套路	Excel
月度复盘	分析爆款共性，提炼 3~5 组爆款元素（如精神内耗、撑不下去等）	1. 比对跨平台差异 2. 建立"反焦虑 / 打脸 / 逆袭"等高转化主题文件夹	飞书多维表格

➤ **设立收集渠道。** 可从如下渠道收集（表 2-16）。

表 2-16　设立收集渠道

渠道类型	覆盖范围	核心价值与优势
自媒体平台	小红书 / 知乎 / 公众号等	这些平台的标题往往更贴近网络语境，更易于吸引网民的注意
传统媒体	报纸 / 杂志 / 电视节目	它们的标题往往更正式、有深度，可以提供不同的视角
书籍	畅销书封面 / 专业书目录	畅销书的书名和目录是市场选择的结果，它们已经通过了用户的考验

续表

渠道类型	覆盖范围	核心价值与优势
广告（线上线下）	地铁广告 / 信息流广告等	广告标题往往简洁有力，能够快速传达核心信息

🏹 **有了标准，明确了计划，了解了渠道，就可以着手行动。**
举例：个人成长领域日常收集（表 2-17）。

表 2-17　个人成长领域日常收集

平台	标题	阅读量	可套用标题模板
小红书	别再刷短视频了，去做这 10 件事甩开同龄人	30 万 +	模板二：数字式 = 数字 + 结果
知乎	坚持学英语的人，一定学不好	5 万 +	模板四：反转对比式 = 常规认知 + 反转点
传统媒体 / 用户群体	读一所好大学，真的有那么重要吗	不详	模板三：设置悬念式 = 事件 + 问句
传统媒体 / 人物	×××：我希望诚实面对自己的过去	不详	模板七：名人式 = 名人 + 观点
书籍（《能力突围》）	厉害的员工，不怕善变的老板	不详	模板六：特定人群式 = 目标人群 + 主题
广告	怎样驾驭闲谈的高潮和结束？两个方法找到彼此的优势话题	不详	模板五：解决方案式 = 痛点 + 解决方案

值得注意的是，随着收集的时间越长，标题库的内容越多，每周的一个表格就会变成好几个表格。即：不再是所有平台集成在一张表格上，而应分平台收集。每周的多平台收集单就变成了单平台收集单，还是以上述例子为例（表 2-18），比如：

表 2-18　小红书单平台收集单

序号	标题	阅读量	可套用模板
1	50 套简历模板分享给你，总有一套适合你	2 万 +	模板一：数字式 = 数字 + 结果
2	×××：躺一躺不丢人，我第一次躺了半年多	5 万 +	模板七：名人式 = 名人 + 观点
3	普通女孩如何修炼富感？	3 万 +	模板三：设置悬念式 = 事件 + 问句
4	建议 20 岁女生，都去读读伊能静的这段话	10 万 +	模板六：特定人群式 = 目标人群 + 主题

二、分析维度

接下来我们从两个方面——"分析爆文标题"和"分析同赛道成功账号的标题"来做拆解。

◤ **分析爆文标题。**

以收集到的爆款标题"别再刷短视频了，去做这 10 件事甩开同龄人"为例进行分析（表 2-19）。

表 2-19　分析爆款标题

分析维度	关键要素	作用目标
情绪触发	"别再……"否定句式	制造愧疚感：暗示用户当前行为（刷短视频）是错误选择
解决方案	"10 件事"	用具体数字降低行动门槛，满足"认知闭合需求"
结果刺激	"甩开同龄人"	激活社会比较心理，承诺阶层跨越可能性

↖ 分析同赛道成功账号的标题。

你可以选取同赛道的爆款标题来分析，也可以选择同赛道的常规标题来分析。因为即使这些标题没有成为爆款，但账号整体成功，也可以帮助你了解不同标题策略的作用——爆款吸引新流量，常规标题维持老粉互动（表 2-20）。

表 2-20　分析同赛道成功账号的标题

分析维度	爆文标题案例	常规标题案例
标题示例	不吃 6 年读书的苦，就吃 60 年生活的苦	为什么我劝你毕业后别急着合群
关键要素	① 极端对比（6 年 vs 60 年） ② 焦虑诉求（苦的代价） ③ 反常识断言	① 身份代入（毕业生） ② 温和建议（"劝你"而非命令） ③ 圈层痛点（合群焦虑）
作用目标	拉新：用情绪冲击吸引圈外流量	促活：用共鸣巩固现有粉丝黏性
结果刺激	90 分（羞愧 / 焦虑主导）	60 分（共鸣 / 归属感优先）

通过持续追踪和分析这些数据，我们可以洞察到哪些关键词更能吸引用户的注意。这些数据将指导我们识别出用户偏好的元素，从而在未来的标题创作中反复利用这些元素。 我们以"个人成长领域"为例来具体分析（表 2-21）。

表 2-21　小红书平台标题分析表

标题	数据分析				关键词分析	用户偏好
	阅读量 / 点赞量 / 收藏量 / 评论数					
表达力很差的女生，建议疯狂做这几件事！	100 万 +/ 19 万 / 21 万 / 718				表达力差做这几件事	实用干货

续表

标题	数据分析	关键词分析	用户偏好
	阅读量 / 点赞量 / 收藏量 / 评论数		
女生开挂靠的就是心力，心力强的人都什么样？	5 万 +/ 2389 / 1990 / 43	心力什么样	好奇
一定要往死里培养自己！	20 万 +/ 5.5 万 / 2.5 万 / 168	一定培养自己	正面激励

 DeepSeek 帮你赢

以保险行业为例，让 DeepSeek 按照分析维度帮你对标题做出恰当分析。

步骤 1：爆款标题数据抓取。使用 DeepSeek 联网功能，搜索财经领域"保险 / 理财"相关 3~5 个爆款标题，优先筛选包含"信息差""理财趋势"等关键词的高互动标题（图 2-14）。

1. "5年存下100W，多亏了这6张表格！"

→ 结果可视化+工具赋能（用「100W」制造财富冲击感，以「表格」降低行动门槛）

2. "打破信息差!2024年年轻人的理财趋势盘点！"

→ 信息特权+未来红利（借「信息差」戳中认知焦虑，用「2024」强化前瞻性权威）

3. "一张图读懂所有保险 ✅ 人生7张保单，你有几张？"

→ 认知减负+缺失营销（「一张图」反常识简化复杂决策，「7张」制造标నల్ 迫感）

4. "保险意识一定要有 ✅ 为美好生活托底！"

→ 风险恐吓+正向联想（用「一定要」下达心理指令，「托底」将保险美学化）

底层逻辑：精准围剿「中产财务焦虑」，用「低认知门槛+高结果承诺」驱动点击。

图 2-14 DeepSeek 搜索结果

步骤 2：对搜索结果做出验证与甄别（图 2-15），从

DeepSeek 找到的网页、平台，点击进入查看，找到真实存在的作品与标题，进行确认。

图 2-15　对搜索结果做出验证与甄别

步骤 3：选取你感兴趣的标题进行拆解。基于搜索结果，上传背景资料（从搜索到的爆款标题中任选其中一个 +3 个分析维度），让 DeepSeek 阅读学习文档内容，对搜索到的标题进行拆解。

提示词参考如下：

你是一名资深保险从业者，计划拆解爆款标题"5 年存下 ××× 万，多亏了这 ×× 张表格！"用于优化保险产品的文案策略。请你认真学习标题拆解的资料（见附件），进行标题拆解。

DeepSeek 的回复：

5 年存下 ××× 万，多亏了这 ×× 张表格！标题拆解

1. 情绪触发：焦虑感→希望感

痛点狙击：直击"存钱难、理财复杂"的普遍焦虑，用"5 年 ××× 万"颠覆"普通人存钱难"的认知，触发"我也能做到"的强烈渴望。

心理杠杆：借"表格"弱化金钱压力，将财务自由转化为"填表行动"，缓解行动恐惧。

2. 解决方案：复杂问题→傻瓜式操作

降维工具：用"×× 张表格"将理财拆解为结构化动作（如收支表、资产盘点表），暗示"无须专业门槛，

照做就能复制"。

权威暗示：数字量化（×× 张）赋予方法论可信度，类似"专家浓缩模型"，激活用户"抄作业"心态。

3. 结果刺激：模糊愿景→暴击式具象化

（××× 万）＝用户心理防线的三重击穿。

 只展示部分回复。

三、更新

▶ **识别趋势。**

关注当前流行文化、热点新闻或行业趋势，了解哪些话题正在引起公众兴趣，这样能够提高标题的时效性和吸引力。也可以多关注新兴网络用语、俚语、流行表达，这些都可以为你的标题增添新鲜感。来看如下例子（表 2-22）。

表 2-22　标题举例

序号	标题	趋势类型
1	会说话的女生，真的 yyds	网络用语（yyds）
2	i 人和 e 人的区别，这下终于搞懂啦	流行表达（i 人和 e 人）
3	什么是天生自带偷感？	网络用语（偷感）
4	当代年轻人倒反天罡的离谱行为	流行成语（倒反天罡）

▶ **定期审视。**

每隔一段时间（比如每月或每季度）做周期性检查，审视标题库，评估哪些标题仍具吸引力，哪些需更新，哪些需淘汰。以 2024 年第 1 季度的收集表为例（表 2-23）。

表 2-23　收集表

平台	标题	留用情况
知乎	在职场中，女性如何平衡工作和家庭生活？	淘汰 / 用词已过时
公众号	面试官：我裤子拉链开了，你怎么提醒我？他的回答，当场录用	留用
小红书	女生们，请重养自己一遍，养得丰盈知足	更新 / 换为近期热词句型"终于有人把重养自己的方式说清楚了"

创建标题库不是一蹴而就的，它需要你的耐心和持续的努力。按照这个标准操作程序，不断实践和优化，你的标题库将成为你写作的强大助力。

本节小结

建立标题库能系统化提升创作效率。本节详解标题库搭建步骤：收集时按平台、行业、情绪等维度筛选高互动标题，分析需拆解爆款标题的要素，更新要定期淘汰过时标题。工具上，可用 DeepSeek 抓取热点标题，再分析其情绪触发点和结构。标题库需分平台管理，并做定期的每周整理 / 每月复盘，通过持续积累和迭代，标题库将成为创作"弹药库"，助你快速产出爆款标题。

本节小练习：收集小红书本周 3 条点赞超 1 万的标题，按如下步骤分析：记录标题，用 DeepSeek 拆解标题，分析关键词、情绪和结构模板，做好标题的分类入库。

本节小练习中的提示词 +DeepSeek 回复，请关注微信公众号"焱公子和水青衣"（ID：Yangongzi2020）。

关注后输入：AI 标题库，即可获取

第三章

用户思维：按用户需求创作，AI 三秒搜全网爆款素材

DeepSeek 创作红利

挑选素材时，我们常常容易陷入一个误区：依据个人的主观想法去挑选自己想写的素材。但创作的目的不单是自我表达，更关键的是要使用户产生共鸣、传递有价值的信息、满足他们的需求与期望。正如商业咨询顾问刘润所说"写作这件事，表达欲很强的人是写不好的，写作的本质不是表达逻辑，而是倾听逻辑。倾听逻辑，就是听用户想要表达什么，然后替他们去表达。"

所以，用户思维在新媒体创作中极为重要。我们以小红书上的爆款赛道"健康饮食"为例，投喂进 DeepSeek，让它来分析两篇文章在用户思维方面的区别，从而能看出用户思维对文章质量的直接影响。

文章 A:《打工人饮食篇：膳食营养素的生物化学与日常选择》

对打工人的饮食来说，了解膳食营养素的生物化学特性是关键。我们先从碳水化合物说起，它本质上是多羟基醛或多羟基酮化合物 。就像我们日常吃的主食，里面所含的淀粉就有不同的结构。比如 D- 葡萄糖（$C_6H_{12}O_6$），它的吡喃型环状结构通过 α-1,4- 糖苷键连接形成直链淀粉，而支链淀粉则额外存在 α-1,6- 糖苷键分支点。这分子构型的差异看似微小，我们身体里的唾液 α- 淀粉酶与胰淀粉酶对它们的水解效率却大不一样。

从生物能量学角度来看，打工人日常饮食摄入的营养物质在身体里的能量转化也有门道。在三羧酸循环中乙酰辅酶 A 的氧化过程，和我们吃进去的二十二碳六烯酸（$C_{22}H_{32}O_2$）就存在潜在关联。研究表明，当 n-3 多不饱和脂肪酸通过酰基载体蛋白进入线粒体基质时，其 β- 氧化产生的 $NADH/FADH_2$ 与碳水化合物代谢产物存在竞争性抑制现象，这种现象在肝细胞微粒体中的细胞色素 P450 酶系催化下尤为明显。

再说说植物化学物质。西蓝花中的硫代葡萄糖苷的酶解产物异硫氰酸酯，可通过 Nrf2/ARE 信号通路激活 Ⅱ 相解毒酶，对我们的身体有很好的抗氧化和解毒作用。但要注意，不同烹饪方式对黑芥子酶活性的影响很大。当烹饪温度达到 373K（大概 100℃，日常炒菜很容易达到这个温度）时，酶蛋白三级结构所发生的不可逆变性将导致萝卜硫素生物利用率下降 $62.3\% \pm 4.7\%$（双盲试验 $n=48$）。

文章B:《健康饮食7天计划：打工人活力食谱告别亚健康》

在办公室下午犯困、健身体脂难降？记住这个"三换两加"口诀：

换主食 | 换零食 | 换油类 + 加蔬菜 | 加蛋白质

跟着做 7 天，咖啡依赖减半，牛仔裤扣子松一指！

【2025 新潮饮食法实操版】

● 植物基 2.0：用豌豆蛋白粉做煎饼，亚麻籽奶泡咖啡。

● 改良版生酮：晚餐用魔芋米炒饭，满足碳水渴望。

● 中式地中海：凉拌木耳淋山茶油，菜场三文鱼边角料（20 元 / 斤超划算）。

【读者定制懒人食谱】

💡 根据 300+ 粉丝反馈优化：

♡3 分钟早餐：

冷冻杂粮包（微波炉高火 1 分钟）

溏心蛋（便利店现剥）

西芹汁（蹲临期打折款）

✅5 分钟晚餐：

荞麦面沸水煮 3 分钟

焯水菠菜

即食柠檬蒜蓉虾仁

淋油醋汁搞定

【互动前划重点】

"三换两加"养生法：

1 换精粮为粗粮 | 2 换奶茶为果茶 | 3 换大豆油为茶油

1 加绿叶菜 | 2 加白肉 | 3 每天喝够体重（kg）×30mL 水

🎁 留言区互动：

你尝试过哪些"真香"健康技巧？抽 5 人送：

1.《中国居民膳食指南》极简图解版

2. 读者票选 TOP3 快手食谱

文末惊喜：

私信"211"领《外卖点单红绿灯手册》

在 DeepSeek 中输入提示词：你是一名资深的小红书创作者，擅长拆解，请分析 A 和 B 两篇文章（见附件）在用户思维这件事上做得如何。要求：从不同维度拆解，并以文章中的原始内容做例证。

很快，DeepSeek 给出如下回复（表 3-1）：

表 3-1　文章 A 与文章 B 的对比

维度	文章 A	文章 B
受众理解	缺乏对目标受众的了解和研究，不清楚用户的年龄层次、健康状况、饮食习惯等，盲目写作	深入调研目标受众，如年轻人关注快速健康餐，中老年人注重养生饮食，根据不同受众需求进行创作。比如"办公室下午犯困、健身体脂难降？"
内容相关性	内容与用户兴趣不匹配，过于专业地阐述营养成分的化学结构等，内容与健康饮食关系不大	紧密贴合用户兴趣和需求，如为减肥人群提供低卡饮食方案，为上班族推荐方便快捷的健康午餐。比如"✅ 3分钟早餐： 冷冻杂粮包（微波炉高火 1 分钟） 溏心蛋（便利店现剥） 西芹汁（蹲临期打折款）"
信息量	信息量过大，充满大量专业术语和数据，用户难以吸收；或信息量过小，内容空洞无物	提供易于用户理解和应用的适量信息，用通俗易懂的方式解释健康饮食原理，给出具体饮食建议和食谱。比如："三换两加"口诀：换主食｜换零食｜换油类＋加蔬菜｜加蛋白质
语言表达	语言艰涩难懂或过于复杂，使用生僻词汇和长句，让用户阅读困难	使用简洁、明了的语言，比如使用日常用语解释健康饮食概念，便于用户阅读和理解。比如"三换两加"养生法： 1 换精粮为粗粮｜2 换奶茶为果茶｜3 换大豆油为茶油 1 加绿叶菜｜2 加白肉｜3 每天喝够体重（kg）×30mL 水
视觉呈现	图片、图标等视觉元素单调或缺乏吸引力，可能只有几张模糊的食物照片	使用高质量、吸引人的视觉元素，如色彩鲜艳的美食图片、清晰的成分图表等，增强文章吸引力。
互动性	文章是单向输出，没有设置互动环节，用户读完即走	设置互动环节，如引导用户留言分享自己的健康饮食经验，增加文章的互动性和参与度。比如：【互动问答】你试过最有效的健康技巧是什么？留言区抽5 位送《中国居民膳食指南》极简图解版＋读者票选 TOP3 快手食谱

续表

维度	文章 A	文章 B
趋势敏感度	忽视或不关注当下的健康饮食趋势，内容陈旧过时	紧跟健康饮食研究趋势，如介绍新兴的食物、流行的饮食方式等，内容具有时效性。比如【2025 新潮饮食法实操】 ● 植物基 2.0：用豌豆蛋白粉做煎饼，亚麻籽奶泡咖啡 ● 改良版生酮：晚餐用魔芋米炒饭，满足碳水渴望 ● 中式地中海：凉拌木耳淋山茶油，菜场三文鱼边角料（20 元 / 斤超划算）
SEO 优化	忽略 SEO，标题和内容中没有健康饮食的关键词，难以吸引更多用户	通过关键词优化，如在标题和正文中合理使用"健康饮食"等关键词，提高文章在搜索引擎中的排名。比如标题为"健康饮食 7 天计划：打工人活力食谱告别亚健康"
内容分发	用词枯燥，没能从用户角度出发，不适合自媒体平台特点	根据用户偏好调整内容策略，如在自媒体平台发布简洁有趣的图文，在健康网站发布专业的文章
反馈利用	忽视用户反馈，没有根据反馈调整行文，导致文章一成不变	根据用户反馈优化文章内容和策略，如用户反映某个食谱操作复杂，就提供更简单的版本。比如【读者定制懒人食谱】 💡 根据 300+ 粉丝反馈优化
价值提供	缺乏实用信息或技巧，对用户帮助有限，如只是泛泛而谈健康饮食的重要性	提供实用信息、技巧和见解，如具体的食材搭配方法、烹饪技巧等，帮助用户解决实际问题。比如：私信"211"领《外卖点单红绿灯手册》

从 DeepSeek 的回复中，我们能清晰看出，文章 B 站在用户角度，关注用户的阅读体验，所以比文章 A 受欢迎——这就是具备用户思维的表现。

在创作过程中，要想真正拥有用户思维，我们要学会舍弃单纯只选自己想写的素材的习惯，用心去寻找那些真正能够与用户建立联系、引发共鸣的优质素材。很多人虽然清楚素材对于写作的意义，也明白用户思维的重要性，但在实际运用中依旧方向不明，难以找到准确高效的方法。在此，分享搜索素材的四个方法以及建立素材库的四大步骤，助力你创作出深受用户喜爱的优秀作品。

第一节 多个 AI 同时扫荡，想要的素材应有尽有

高效搜素材的方法多种多样，比如新媒体平台搜索、行业垂类网站搜索、数据报告搜索和浏览器搜索，还可以通过线上图书馆、知识付费平台、行业沙龙或峰会等渠道来获取素材。我们主要使用以下4种。

一、新媒体平台搜索

主流新媒体平台上素材丰富，我们以微信、抖音、小红书和知乎为例，与大家分享在这4个平台上搜索素材的要点。

▶ 微信。

可通过微信搜索框、搜索框下方滑动栏、微信底部【发现】页和搜狗微信网页版进行素材搜集（表3-2）。

表3-2 微信平台素材搜索

入口	操作	效果
微信搜索框	输入素材的关键词，点击左上方的【全部】	可依据排序、类型、时间和范围等条件筛选素材（图3-1）

续表

入口	操作	效果
搜索框下方滑动栏	左右滑动	可查看对应的【视频号】【公众号】【直播】【朋友圈】搜集素材（图 3-2）
微信底部【发现】页	点击【看一看】	通过【朋友】查看微信好友感兴趣和推荐的内容，进行素材搜集（图 3-3）
搜狗微信网页版	搜索素材的关键词	可查看公众号历史文章来收集相关素材（图 3-4）

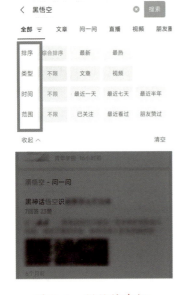

图 3-1　微信搜索框　　　　图 3-2　搜索框下方滑动栏

图 3-3　微信底部的【看一看】- 朋友　图 3-4　搜狗微信网页版

抖音。

可以通过抖音搜索框、抖音榜单等进行素材搜集（表 3-3）。

表 3-3　抖音平台素材搜索

入口	操作	效果
抖音搜索框	输入素材的关键词，点击搜索框右下方的漏斗按钮	可以通过条件筛选，搜索到固定时间内，不同时长和不同数据维度的视频素材（图 3-5）
抖音榜单	点击【抖音热榜】	可以滑动热榜查看是否有与关键词相匹配的内容素材（图 3-6）
抖音榜单	点击【创作灵感】—【选题】	可以查看各个细分类目热门话题下的内容，进行素材搜集（图 3-7）

图 3-5　抖音搜索框　　　　图 3-6　抖音热榜

图 3-7　抖音创作灵感

► 小红书。

在小红书平台进行素材搜索的方法，可以概括为"1 个位置＋3 个页面"（表 3-4）。

"1 个位置"是指【创作中心】里的【创作灵感】，可以从各个细分类目热门话题下的内容，进行素材搜集。

"3 个页面"是指搜索栏下拉框、搜索结果页面和标签浏览量。

表3-4　小红书平台素材搜索

方法	入口	操作	效果
1个位置	个人【创作中心】	点击【笔记灵感】	可以查看各个细分类目热门话题下的内容，进行素材搜集（图3-8）
3个页面	搜索栏下拉框	搜索框输入素材关键词	可查看搜索下拉框的关联性关键词，通过这些关键词话题下的内容搜集素材（图3-9）
	搜索结果页面	点击进入搜索页面	顶部的标签栏会显示相关关键词，浏览页面往下拉，页面会出现一栏"大家都在搜"，从中搜集素材（图3-10）
	标签浏览页	点击笔记标签进入话题	可以查看该话题的浏览量和相关笔记，通过查看对标账号或爆款笔记的页面进行素材搜集（图3-11）

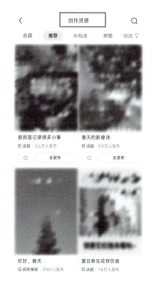

图3-8　小红书创作灵感

图3-9　小红书搜索栏下拉框

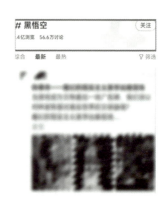

图 3-10　小红书搜索结果页面　　图 3-11　小红书标签浏览页

◤ 知乎。

可以通过搜索框和知乎小程序上的【热榜】和【推荐】搜索素材（表 3-5）。

表 3-5　知乎平台素材搜索

入口	操作	效果
知乎搜索框	输入素材关键词	可以查看相关的帖子，收集赞评数较高的问答做素材（图 3-12）
知乎小程序	点击【热榜】	可以查看知乎平台上热度较高的内容，从中寻找素材（图 3-13）
	点击【推荐】	可以查看知乎平台根据个人搜索记录及标签推荐的内容（图 3-14）

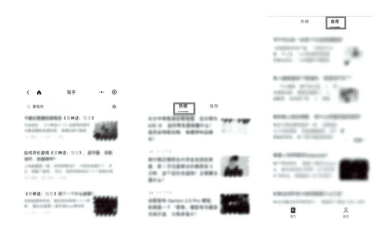

图 3-12　知乎搜索框　图 3-13　知乎热榜　图 3-14　知乎推荐

二、行业垂类网站搜索

行业垂类网站是搜集优质素材的重要来源之一。比如科普类的果壳网、科普中国网，财经类的 36 氪、虎嗅网，运营类的运营喵、爱运营等。向大家重点分享 5 个内容创意类的行业网站（表 3-6），建议将这些行业垂类网站放入浏览器收藏夹，方便日常浏览与使用。

表 3-6　行业垂类网站搜索

网站	介绍
数英网	拥有丰富的品牌营销案例和最新的广告文案资讯
梅花网	有热点合集、文案精选、创意专题等，社交化媒体的干货内容丰富

续表

网站	介绍
广告门	广告专业网站，主要专注于广告、创意领域的案例和干货
TOPYS 顶尖文案	创意垂直网站，主要分享全球范围内优秀的创意资讯
Addog	适合广告文案人的导航网站，可以搜索广告案例

三、数据报告搜索

在新媒体创作中，分析能力不可少。当自身分析能力比较薄弱时，数据报告就像帮助我们登高望远的梯子。一篇数据报告的价值往往胜过十篇碎片化的文章，能让我们从中得到真实可信的内容，扩充创作丰富度与专业度。

可以先从三大类数据报告网站入手：学术类、商业类和文库类。在熟悉之后，还可以再关注一些第三方数据平台和各大自媒体平台定期发布的白皮书（表3-7）。

表 3-7　数据报告搜索

方式	分类	介绍
数据报告网站	学术类	知网、万方、国土、维普等
	商业类	国内的锐思、万德，国外的彭博、路透社、数据圈等
	文库类	爱问文库、豆丁文库、百度文库、道客巴巴、360图书馆等
第三方数据平台	—	新榜、千瓜、易撰等

续表

方式	分类	介绍
自媒体平台白皮书	—	观察报告、生活趋势报告等，如《2023 抖音年度观察报告》《2023 小红书年度生活趋势观察报告》

四、浏览器搜索

这是最为常见的素材搜索方式之一，像百度、谷歌、搜狗、360 等就是常见常用的浏览器搜索渠道。对于新媒体创作者来说，时间就是生命，想要高效快捷地完成浏览器搜索，就需要掌握几个小技巧，分享给大家几个小技巧，能让你的搜索更加精准与有效（表 3-8）。

需要注意的是，所有的符号都要在英文（半角）状态下输入。

表 3-8　浏览器搜索小技巧

符号	操作	举例
使用"+/-"	输入"关键词 +/- 关键词""+"表示搜索信息里包含，"-"表示搜索信息里剔除	输入"黄永玉＋沈从文"，搜索到的是黄永玉和沈从文相关的内容；输入"黄永玉－沈从文"，就会剔除他们共同出现的内容
使用"site:"	输入"site. 平台词"可以优先展示某个平台的信息	输入"黄永玉沈从文 site: 微博"，搜索结果就会优先展示带有这一关键词的微博内容

续表

符号	操作	举例
使用 "intitle"	输入 "intitle 关键词" 搜索内容的标题里带有这个关键词	输入 "intitle 黄永玉沈从文"，就会优先展示标题中带有这一关键词的内容
使用 ".."	输入 "关键词时间 .. 时间" 在关键词后面加年份	输入 "黄永玉沈从文 2023..2024"，能精准搜索到 2023 年到 2024 年两人的相关内容
使用 "filetype:"	输入 "site: 文件格式" 可以指定搜索文件的格式	搜索黄永玉沈从文的 word 格式资料，输入 "黄永玉沈从文 site:word"，就能搜到相关格式的文件

 DeepSeek 帮你赢

AI 搜索的功能也很强大。在新媒体内容创作里，获取丰富、精准的信息极为关键，AI 搜索工具，已成为创作者的必备利器。

① DeepSeek、KIMI。这两个 AI 都具有联网搜索功能（图 3-15），操作便捷、响应迅速。新媒体创作者能借此实时掌握行业热点、流行趋势。比如，在撰写科技新品发布文章时，能够快速获取发布会报道、专家解读及网友评论等，素材新鲜又丰富。

②通义千问。通义千问有深度搜索功能（图 3-16），注重信息的深度挖掘与整合，擅长创作复杂主题的新媒体内容。比如，在撰写文化现象深度解读的文章时，它能从历史渊源、社会背景、不同观点等多维度搜索资料，帮助创作者提升内容

的深刻性，满足受众对深度内容的需求。

图 3-15　DeepSeek、KIMI 的联网搜索功能

图 3-16　通义千问的深度搜索功能

③**腾讯元宝**。腾讯元宝已接入微信信息源，创作者可借此获取公众号文章、视频号内容等资源。只需要在微信搜索栏点击下方的"AI 搜索"，再选择"深度思考"即可使用（图 3-17）。

图 3-17 腾讯元宝接入微信信息源

④豆包。豆包作为字节跳动公司旗下的 AI 工具，搜索抖音内容能力出色（图 3-18）。在第二章第 1 节中，我们已分享过如何用豆包来搜索抖音资讯、用豆包日报收集热点新闻。除此之外，内容创作者还可以使用豆包快速获取抖音上与创作

主题相关的热门视频、话题标签等。比如，制作"美妆"主题的抖音热门挑战内容时，可迅速了解挑战规则、参与情况与创意方向，提升内容在抖音的传播效果。

图 3-18　豆包的全网搜索功能

　　⑤秘塔 AI。秘塔 AI 可以为创作者提供精准、高效的搜索服务，从海量信息中筛选出高度相关内容（图 3-19）。比如，在撰写"智能人机接口"专业文章，搜索行业报告、学术研究等资料时，它能够快速定位高质量文献，保证内容素材的真实度与专业性。

图 3-19　秘塔 AI 长思考搜索功能

　　另外，百度已经接入 DeepSeek（图 3-20）。内容创作者在使用百度搜索时，可以借助其智能算法，得到更精准的搜索结果，为创作提供全方位的信息支持。

图 3-20　百度已接入 DeepSeek

本节小结

　　在新媒体创作中，高效搜索优质素材是提升内容质量的关键。本节介绍了四种高效搜索素材的方法。新媒体平台搜索，通过微信、抖音、小红书、知乎等平台，利用搜索框、热榜、创作灵感等功能精准获取用户关注的素材；行业垂类网站搜索，如数英网、梅花网等专业网站，提供品牌案例和创意资讯，帮助创作者挖掘深度内容；数据报告搜索，通过知网、新榜等渠道获取权威数据，增强内容的专业性；浏览器，使用搜索技巧，缩小搜索范围，提高效率。此外，AI 工具如 DeepSeek、豆包、秘塔等能联网搜索，辅助创作者高效完成素材收集。综合运用多种方法，快速找到用户真正需要且易于传播的素材，可有效避免自嗨式创作。

⊗ **本节小练习**：假设你是一名美食博主，需写一篇"打工人的快手早餐"主题文章，请使用"新媒体平台搜索"方法（小红书、抖音、微信等）完成素材收集。

本节小练习中的提示词 +DeepSeek 回复，请关注微信公众号"焱公子和水青衣"（ID：Yangongzi2020）。

关注后输入：AI 搜索，即可获取。

第二节 日更不愁！DeepSeek万能素材库搭建，24 小时响应随时调用

在新媒体创作中，素材库是指你需要做一个汇聚、整合、管理内容创作所需素材的集合体。集合体内容丰富广泛，有文字、图片、视频、音频，还包含各类创作工具、行业数据等辅助性资料。

一个丰富且优质的素材库不仅能提高创作效率，还能助力创作者在激烈的市场竞争中崭露头角。不过，素材库不是随意堆砌信息的"垃圾场"，如果不加评估和筛选地收集，就会变得杂乱无章。比如，在收集关于旅游的素材时，若将所有看到的内容一股脑儿都放进去：有过时的景点介绍、不准确的旅行攻略，甚至还有与旅游无关的杂乱信息。这样的素材库不仅使用起来困难，还会浪费大量的时间去甄别有用的内容。

素材库就是创作者的"工具箱"，创作前，要把各类工具准备妥当并且定期保养、维护、更新、替换，使用时才能达到事半功倍的效果。以下是搭建素材库的四个步骤（图 3–21）以及搭建设计的详细要素（表 3–9）。

● 搭建四步骤

图 3-21　建立素材库的四大步骤

●搭建 18 要素

表 3-9　搭建素材库的设计要素和说明

序号	设计要素	描述说明
1	素材 ID	每条素材的唯一标识图
2	素材类别	观点类、故事类、专业类、金句类
3	标题	素材的标题或简短描述
4	关键词	与素材相关的关键词，便于搜索
5	详细内容	素材的详细描述或全文
6	来源	素材的出处，包括作者、出版年份、网址等
7	使用场景	素材适用的文章类型或主题
8	创建时间	素材被添加到库中的时间
9	最后更新	素材信息最后的更新日期
10	标签	素材的标签，如"健康饮食""励志"等
11	优先级标记	特别有价值常用的素材的优先级标记，如"高""中""低"
12	使用频率记录	素材被使用的次数
13	备注栏	记录个人想法、使用建议或灵感

续表

序号	设计要素	描述说明
14	多媒体支持	如果素材包含图片、视频、音频，链接或嵌入这些多媒体内容
15	权限管理	团队协作时的权限设置
16	备份与同步	定期备用素材库，使用云服务实现多设备同步
17	用户有好的界面	设计直观、用户友好的界面
18	定期审查与更新	淘汰过时的素材，添加新的、高质量的素材

搭建四步骤缺一不可，我们逐个来解说。

第1步：选择适合自己的素材存储工具

很多新媒体平台自带收藏功能，如微信、知乎、哔哩哔哩等。但仍然建议你选用一款能够一站式实现信息收集和管理的存储工具。常用的工具有印象笔记、幕布、石墨文档、腾讯文档和 Cubox 等。

印象笔记拥有较为成熟的【素材库】功能，能够将图片或音频等素材分享至印象笔记（图 3-22）；还可以利用印象笔记的网页剪藏功能将素材保存至相关笔记本（图 3-23）；或利用印象笔记的扫描宝功能，将所见的图片素材扫描并转为文字格式查看（图 3-24）。

图 3-22　素材库功能　　图 3-23　剪藏功能　图 3-24　扫描宝功能

● 任选一款得心应手的素材存储工具，在使用过程中注意为素材添加标签，以便在搜索时迅速找到合适的素材。标签可以是关键词、描述词等，依据素材的特点和用途进行设定。

● 要注意给素材科学命名。命名原则是简洁明了，能精准反映素材内容与特点。同时，为便于管理和查找，采用统一命名规则。

第 2 步：对素材进行分类

我们会将新媒体创作素材分为 4 类：观点类、故事类、专业类、金句类（表 3-10）。

表 3-10　素材分类和描述说明

素材分类	描述说明
观点类	主要是一些能带来启发的新知识，或是视角独特的观点素材
故事类	主要是一些能够触动人心、引发共鸣的故事素材
专业类	主要是一些与自身领域及创作主题相关的素材
金句类	主要是源自爆款内容、大 V 博主、影音书籍和网络综艺中一些发人深省的金句素材

以故事类素材为例，分类整理时参考如下 18 个维度（表 3-11）。准备这些维度的目的，是创作者如果缺乏创作思路，打开素材库能先从那些让自己有所触动、激发分享欲的素材着手进行创作。

表 3-11　素材表格设计要素和说明

序号	表格设计要素	描述说明
1	素材 ID	S001
2	素材类别	故事类
3	标题	勇敢追梦的画家
4	关键词	梦想、画家、坚持、勇气
5	详细内容	讲述了一位年轻画家，在面对生活的种种困难和他人的质疑时，始终坚持自己的绘画梦想。他每天刻苦练习，四处寻找创作灵感，最终在一次重要的艺术展览中获得了认可
6	来源	知乎，原创故事
7	使用场景	励志主题文章、关于追求梦想的故事
8	创建时间	2024 年 9 月 1 日

续表

序号	表格设计要素	描述说明
9	最后更新	2024 年 9 月 2 日
10	标签	励志、梦想
11	优先级标记	中级
12	使用频率记录	1
13	备注栏	可用于激励用户勇敢追求自己的梦想，在描述画家的努力过程中可以加入更多细节
14	多媒体支持	无
15	权限管理	团队成员可查看、编辑
16	备份与同步	定期备份到云端，实现多设备同步
17	用户有好的界面	简洁明了的表格布局，方便查找和管理素材
18	定期审查与更新	根据用户反馈和新的需求，不断更新和优化故事内容

第 3 步：对素材进行筛选和评估

分享 6 个筛选和评估的方法供参考（表 3-12）。

表 3-12　素材筛选要素和说明

序号	筛选要素	描述说明
1	明确目标和主题	在收集素材之前，先明确自己的创作目标和主题。例如，如果要写一篇关于健康饮食的文章，那么与健康饮食无关的素材就可以排除

续表

序号	筛选要素	描述说明
2	可信度评估	查看素材的来源是否权威可靠，比如来自专业学术期刊、知名专家的观点等。对于来源不明或缺乏可信度的素材要谨慎使用
3	时效性考量	关注素材的发布时间，确保其不过时。例如，科技领域的信息更新迅速，过时的技术资料可能不再适用
4	多样性比较	收集多个类似的素材，对比它们的观点、数据和案例，选择最全面、最有说服力的
5	相关性判断	分析素材与您的创作主题和核心观点的相关性。若关联不大，即使很精彩也应舍弃
6	用户需求分析	站在用户的角度思考，判断素材是否能满足他们的需求和兴趣

以美食赛道为例，来看看创作时如何使用上述表格、使用素材库（表 3-13）。

表 3-13　素材筛选评估案例

素材	使用情况	理由
游客在社交平台上发布的对本地小吃的评价	留用	游客评价多样，但可能不够专业和全面，适当选取有代表性的部分
本地美食专家撰写的关于特色小吃历史和制作工艺的文章	留用	专业且深入，是核心素材，重点引用
商家为宣传自家小吃发布的夸大其词的广告	舍弃	不是客观的事实，不能反映真实的情况

第 4 步：对素材进行定期更新、备份与优化

素材库的建立是持续的，需要定期更新和维护。比如：在科技领域，新的技术和创新不断涌现，如果素材库中仍然保留着陈旧的技术信息，那么在创作相关内容时就可能出现错误的引导；市场动态和流行趋势类的素材，更是需要及时更新；像时尚行业，流行元素和风格不断变化，如果素材库一直停留在过去的潮流，就无法反映当下的真实情况。

为了防止数据丢失或被盗用，需要对素材库进行同步备份，并加强安全管理。可以使用加密技术、设置访问权限等方式来保护素材库的安全。

在使用过程中，我们可以根据用户的反馈和数据分析来优化素材库。比如，根据用户的喜好和点击率来调整素材的分类和标签，根据数据的表现来删除或替换效果不好的素材等。另外，还可以与其他创作者分享与交流，学习他人的经验和技巧。通过交流和合作，不断完善自己的素材库，提高创作水平。

现在，AI 的出现，使素材的更新、备份、优化、安全管理更方便与快捷。最高效的是想找什么素材，只需要输入名称，AI 在 3 秒内就能调取所有与之相关的资料，就像是把图书馆带在身边。

 **DeepSeek 帮你赢**

腾讯文档的 AI 文档助手已接入 DeepSeek（图 3-25），这样我们构建与调用素材库，就更加便利。比如，首页的"文档问答"功能，就能从我们上传的资料中，进行素材的调用。

图 3-25　AI 文档助手的文档问答功能

公众号可以作为素材储存的工具，现在，它也接入了
DeepSeek，能够轻松实现一键调用。

步骤 1：我们可以先进入"腾讯元器"官网。

步骤 2：选择"用提示词创建"进入智能体设置页面，然
后在高级设定中，模型设置选择 DeepSeek-R1。

步骤 3：创建知识库时选择文件类型为"公众号文章"，
还可以自行创建背景图、插件等。

步骤 4：都设置完成后，点击发布（图 3-26）。

图 3-26　在"腾讯元器"创建智能体的步骤

步骤 5：将"腾讯元器"里的智能体小程序内置到公众号菜单栏中。

点击智能体的"使用方式"，找到并复制小程序路径。前往公众号后台的"自定义菜单栏"设置即可，具体步骤见图 3-27、效果图见图 3-28。

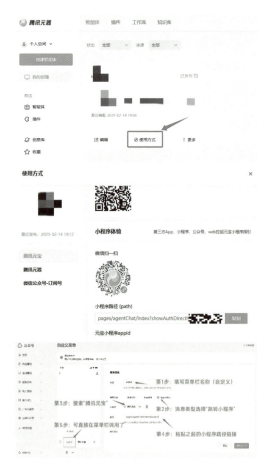

图 3-27　菜单栏接入 DeepSeek 的步骤和效果

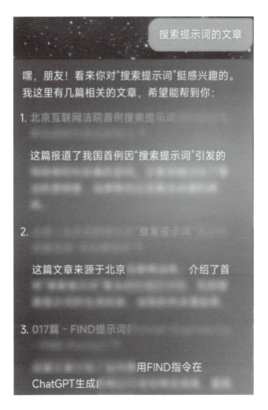

图 3-28　公众号显示效果

最后，我们进入公众号，在后台输入想搜索的文章或相关关键词，公众号就能马上找到历史文章，传送出来。

本节详细讲解了搭建素材库的四个步骤。选择存储工具，推荐印象笔记、腾讯文档等工具，支持文字、图

片、链接的多格式存储，并需为素材添加标签，命名需简洁明确；分类整理，将素材分为观点类、故事类、专业类、金句类；筛选评估，需根据目标主题、可信度、时效性等维度剔除无效内容；定期更新与备份，及时替换过时信息，并通过云同步防止数据丢失。除此之外，AI工具也很高效方便，可使用腾讯文档的AI文档助手，一键调用公众号文章等素材。认真搭建素材库，使其成为创作者的"工具箱"，随用随取，支撑高质量内容产出。

本节小练习中的提示词 +DeepSeek 回复，请关注微信公众号"焱公子和水青衣"（ID：Yangongzi2020）。

关注后输入：AI 素材库，即可获取。

第四章 | **祛魅思维：抛弃完美主义！
三大结构速出 10 万 + 爆款**

DeepSeek 创作红利

有些创作者喜欢随心所欲，想到什么就写什么，结果往往是让读者摸不着头脑，看不了一会儿就划走了。这就是因为没有事先规划好文章的框架，文章写着写着就跑偏了。一篇文章若没有清晰的框架，文笔再好也很难称得上是一篇优秀作品。

第一节 三大爆款结构，谁用谁火

我们用了 3 个月时间，对上万篇热门文章做深入分析后，提炼出 3 种常见且实用的结构模板。这些模板就像是文章的骨架，你只需往里填充相应内容，就能高效创作出条理紧凑、效果显著的新媒体文章。对于新手来说，这是一个快速产出爆款文章的途径。

结构模板一：三段论结构 = 是什么 + 为什么 + 怎么办

三段论结构是一种经典的写作结构，它通过 3 个相互联系的步骤来构建一个完整的论述（图 4-1）。

是什么	为什么	怎么办
● 论述的起点 ● 目标是清晰地界定问题或论点的本质	● 明确问题定义后，进一步探讨问题存在的原因 ● 需要深入分析问题背后的逻辑、原理或动因	● 提出解决问题的方法或策略 ● 需要根据前面的分析，提出切实可行的建议或解决方案

图 4-1 三段论结构

举例：本书作者范远舟曾经在小红书上写过一篇阅读量过万的文章《安陵容：一个人保持自信是人生头等大事》，就使用了三段论结构。

原文如下：

从安陵容身上我悟出一个道理：一个人保持自信是人生头等大事！

刚进宫时，由于不得宠，不论面对谁，她都是一副低姿态，言语间处处透露着讨好。

后来她借着皇后的力再次被引荐给皇上，成为安贵人，优越感一下子就有了，走路气势足了，也敢怼富察贵人了。但等甄嬛复宠后，她又开始内耗，觉得大家此时都在笑话她。

再后来她努力爬到了妃位，然而在死前，她还是觉得自己这一生不值得。

自始至终，她都是在卑微和自信中反复横跳，她的自信是依靠皇上才有的，她从没有真正认可过自己。

其实我能理解安陵容，原生家庭对她的伤害太深，有时候她就是转不过这个弯来。

我之前由于种种原因也是一个特别自卑的人，但后来因为自卑，我吃了很多亏，错过了落在我身上的好机会，在职场中不得意，在父母亲戚中也不被认可。

我不想再继续这样下去，于是我开始转念，改变自己。所幸，我做到了，我的运气也在无形之中变得越来越好，做什么事都顺心了。

分享给大家几个我实践过的方法——

1.每天给自己积极的心理暗示：我是最棒的、我是最漂亮的、我今天一定会有好运气、我一定能把事情做成。

语言真的可以净化潜意识。从畏畏缩缩到强大自信，你需要做的就是改变自己的意识和语言。记得每天多念几遍！

2.表现出自信：比如走路时抬头挺胸，和人对话时不卑不亢，不会因为做错了一点小事而无所适从。

心理学上有一个概念，叫"肢体回馈假说"，意思是说你的行为举止会给你一种心理上的反馈。当我们处于不自信、畏畏缩缩的状态时，我们心理上对自己的评价就是否定的、不自信的；反之，当我们气场全开、落落大方时，我们心理上对自己的评价就是自信、有力量的。这种评价又会反过来主导我们的行为，久而久之，自信的感觉就来了。

3.打磨自己的一技之长。

比如你想学写文案，那么你就先规定每天看多少页书、写多少页字。当每天都完成了自己设定的目标，你就会很有成就感，这种成就感会推动着你继续走下去。

自信心的增加是建立在做成一件又一件的事情基础上的，当你做成的事情越来越多，你也就越来越自信。

拆解笔记，三段论结构清晰（表4-1）。

表 4-1 拆解笔记的三段论结构

三段论结构			
开头部分	亮明观点	从安陵容身上悟出了一个道理：一个人保持自信是人生头等大事	是什么
中间部分	分析成因	分析安陵容由于原生家庭导致的不自信，令她做什么事情都很内耗，整个人也呈现出拧巴的样子	为什么
结尾部分	给出解决方案	得到的启示：每天都要给自己积极的心理暗示，表现出自信，好好打磨自己的一技之长	怎么办

结构模板二：对比式结构 = 现象 / 问题 + 正论（正确的做法）+ 反论（错误的行为）+ 结尾

对比式结构通过展示事物的正反两面、真假之别、虚实之差，来增强戏剧性的冲突和深度。这种技巧能够使文章的论点更加鲜明，论据更加有力（图 4-2）。

图 4-2 对比式结构

举例：我们的朋友小米在小红书中有一篇笔记《同样一句话，销冠都是怎么说的？》（阅读量 10 6872，点赞数 1270），就是运用的对比式结构。

原文如下：

同样一句话，新手销售和销冠都是怎么说的？

新手销售："哎呀，这真的是我能给你的最低价了，再低就不行了！"

销冠："这年头，市场竞争这么激烈，我当然希望能给你最大的优惠，毕竟我们想的是长远合作嘛。我肯定不会故意报个高价把你吓跑的。"

新手销售："老实说，我们的价格真的很公道。"

销冠："刚开始的时候，你可能觉得价格有点高，这挺正常的。不过你多比较比较，多了解了解，就会明白我们的价格是物有所值的。"

新手销售："我们的产品，性价比绝对没得说！"

销冠："我说真的，同样品质的东西，你上哪儿找去？我们的价格已经是最优惠的了。"

新手销售："你可以去看看别家的价格。"

销冠："我对我们的产品质量很有信心，你去比较比较，最后你会觉得还是我们这儿最合适。"

新手销售："别家更便宜？那是因为我们的质量过硬啊！"

销冠："现在大家都精明着呢，质量一样的东西，谁会愿意多花钱啊。所以，选我们，你绝对放心，不会错的。"

敢于主动出击，打破僵局，这就是顶尖销售的秘诀！

成交往往就差那么一点点，所以一定要勇敢地迈出那一步。

拆解原文结构，我们能看到对比明显（图 4-3）：

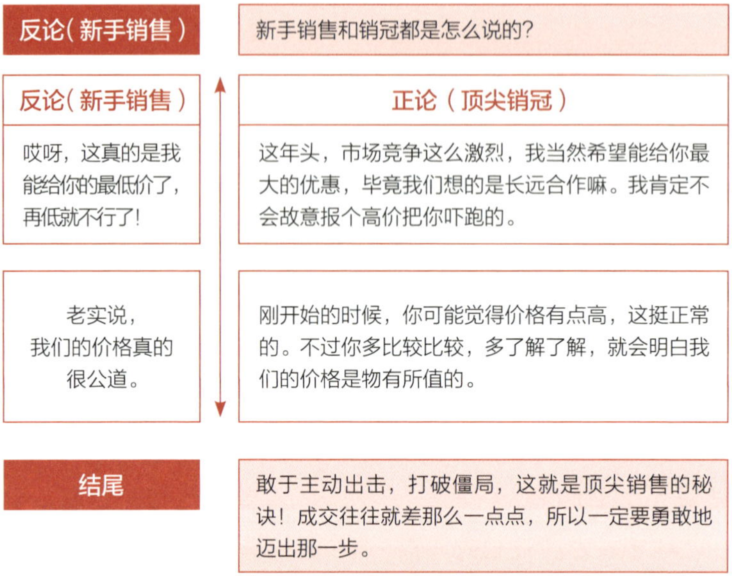

反论（新手销售）	新手销售和销冠都是怎么说的？

反论（新手销售）	正论（顶尖销冠）
哎呀，这真的是我能给你的最低价了，再低就不行了！	这年头，市场竞争这么激烈，我当然希望能给你最大的优惠，毕竟我们想的是长远合作嘛。我肯定不会故意报个高价把你吓跑的。
老实说，我们的价格真的很公道。	刚开始的时候，你可能觉得价格有点高，这挺正常的。不过你多比较比较，多了解了解，就会明白我们的价格是物有所值的。

结尾	敢于主动出击，打破僵局，这就是顶尖销售的秘诀！成交往往就差那么一点点，所以一定要勇敢地迈出那一步。

图 4-3　对比式结构拆解

结构模板三：并列式结构 = 主题引入 + 并列观点① + 并列观点② + 并列观点③ + 总结

（注：此处的并列观点不限于 3 点，也可以是多点。）

并列式结构，指将需要展示的系列元素以并列方式呈现在文章中（如集锦、盘点），同时，它还能够在文章中清晰地展示不同但相关的主题或论点。这样做能让文章层次分明，主题一目了然。使用并列式结构时，要时刻记得紧扣文章主题，确保每个并列部分紧密围绕核心展开，不偏离轨道（图 4-4）。

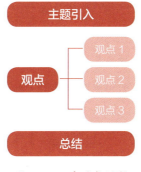

图 4-4　并列式结构

举例：本书 AIGC 顾问焱公子曾经在其同名公众号上创作的文章《9 岁男孩年入 2 亿：这 4 个和钱有关的道理，越早明白越好》，运用了并列式写作结构。

原文如下：

2020 年 12 月 18 日,《福布斯》杂志公布了 2020 年油管网（YouTube）博主收入排行榜，年仅 9 岁的瑞安 – 卡吉登顶榜首。瑞安拥有 4170 万粉丝，单个视频最高点击量 20 亿，全年收入近 3000 万美元，折合人民币 2 亿多。瑞安的成功是很难复制的，但把他的经历剖切开来分析，你会发现其实赚钱这件事，往往就落在几个基本概念上。只要把最本质的道理搞明白了，成功很多时候就是水到渠成的事。

1. 人的努力，会随年龄不断"贬值"

求学时期，成绩是个人能力极其重要的评判维度之一，作为成绩的强相关因素，努力自然有着举足轻重的意义。同样，职场新人没有太多项目经历，领导只能先以工作态度来判断一位后生是否值得培养。但随着工作深入，业务环境的复杂梯度不断攀升，个人竞争力逐渐很难用单一或几个维度来体现，而只能具化为实际的价值产出。若想在职场持续增值，努力是本分，关键还在于摆脱将努力作为唯一筹码的局面，越快越好。

2. 比努力更重要的，是搭建自己的系统

努力贬值的另一个重要原因，是努力并不一定输出价值。而每天逼自己上班，到头来不过是帮别人运转系统，所以比起这种努力，更重要的是搭建自己的系统。系统的优势在于一旦建立起来，即使你不去操作，它也能自动调集资源，产出价值。

3. 所有成功，都是基于认知的变现

相比前面提到的"努力"和"系统"，"认知"就没那么有迹可循了，它需要一个悟的过程。一个能促进"悟"的方法也很简单，就是用心体验生活。工作要快，生活要慢。当你在生活中某个瞬间突然觉得有什么戳到了痛点，那么恭喜你，这很可能是成千上万人感同身受的，此时你或许已站在一个风口前了。

4. 获得机会的前提，是"配得上"

同样的道理，想获得机会，也得先"配得上"机会。很多人最大的问题并非看不到机会，而是得不到即时反馈，于是对自己做的事产生怀疑，因而坚持到一半就不再往更高层次攀爬，最终止步当下，甚至退回到原地。哪有那么多天选之子？伟大的成功背后，永远都源自"傻瓜"一样的坚持。而把这些最本质的道理想明白的人，即使机会迟迟未到，他们也不会焦虑，因为他们知道绿洲在前面，继续跑，就肯定会到达。

愿每个默默坚持的人，都将遇上生命的绿洲。

拆解案例我们能看到（图 4-5）：

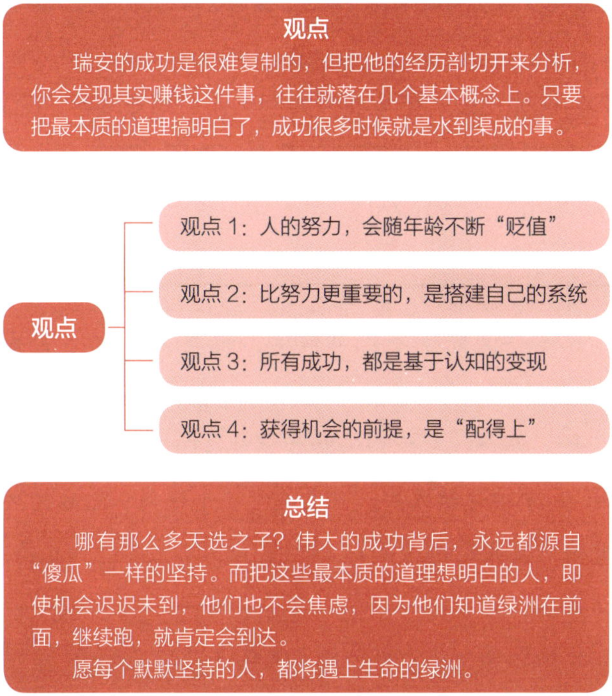

观点

瑞安的成功是很难复制的，但把他的经历剖切开来分析，你会发现其实赚钱这件事，往往就落在几个基本概念上。只要把最本质的道理搞明白了，成功很多时候就是水到渠成的事。

观点

观点 1：人的努力，会随年龄不断"贬值"

观点 2：比努力更重要的，是搭建自己的系统

观点 3：所有成功，都是基于认知的变现

观点 4：获得机会的前提，是"配得上"

总结

哪有那么多天选之子？伟大的成功背后，永远都源自"傻瓜"一样的坚持。而把这些最本质的道理想明白的人，即使机会迟迟未到，他们也不会焦虑，因为他们知道绿洲在前面，继续跑，就肯定会到达。

愿每个默默坚持的人，都将遇上生命的绿洲。

图 4-5　案例拆解

从这个例子中，我们可以看到并列式结构如何将不同的论点平等地展示出来，每个观点都是独立而又相互关联的，共同支撑起文章的核心论点。这种横向的排列方式，不仅让文章的结构一目了然，也使得每个观点都能得到充分的展示

和重视。

 DeepSeek 帮你赢

DeepSeek 特别擅长处理逻辑结构问题，以上三种结构模板在使用时，如果你不知道要怎么填充，可以让它帮忙生成。

我们选择三段式结构模板为例，还是写安陵容这个人物，同时，让 DeepSeek 根据第一章中的选题方法，自主选定一个选题，再给出文章的结构。

提示词参考如下：

你是一名新手小红书博主，现在要输出一篇关于《甄嬛传》中的人物安陵容的文章，请认真阅读并学习背景资料，内含：三段论结构的写法 +10 个选题方法（见附件）。先按选题方法，自主选定一个选题，然后构思出文章的三段式结构。

要求：

1. 确保每个部分都符合三段式逻辑；

2. 每一部分要论点清晰，有深度有洞察，不少于 300 字；

3. 全文紧密贴合安陵容人物特色，不能超过 1200 字；

4. 语言风格要符合小红书的用户喜好，口语化、生动有趣。

DeepSeek 的回复：

安陵容启示录：从"坏女人"到当代生存样本的深度拆解

一、是什么：安陵容不是反派，而是困在认知茧房中的现代人的镜像

表面看她是背刺姐妹的恶毒女配，实则是被时代规则驯化的困兽。

二、为什么：三把枷锁锁死人生上升通道

认知枷锁：把甄嬛的善意当施舍（自卑者常见的认知扭曲）。

情绪枷锁：用香囊事件等细节反复自我折磨（现代人际关系内耗预演）。

注 只展示部分回复。

本节小结

本节介绍了三种高效的文章结构模板，能帮助创作者快速搭建内容框架。分别是：三段论结构，通过"是什么（亮明观点）→为什么（分析成因）→怎么办（解决方案）"来构建一个完整的论述，逻辑清晰易跟随；对比式结构，以"现象/问题＋正论（正确做法）＋反论（错误行为)＋总结"增强冲突，突出观点；并列式结构，通过"主题引入＋多个并列观点＋总结"横向展开论点，适用于盘点类内容。三种结构均可用 DeepSeek 辅助生成，输入提示词即可获得符合平台调性的框架，助力新手创作者高效产出逻辑严谨、用户友好的内容。

🔅 **本节小练习**：请选择一个结构模板，设计一篇小红书笔记。

本节小练习中的提示词 +DeepSeek 回复，请关注微信公众号"焱公子和水青衣"（ID：Yangongzi2020）。

> 关注后输入：AI 结构，即可获取。

第二节　1 个模板 10 分钟成稿？新手必抄

如果你仍觉得上一节中的三种结构模板稍显复杂，怕自己无法驾驭，别担心，我们有一个专门针对新人学员的模板——万能的快速成文极简模板：痛点式结构（表 4-2）。按照这个模板来写作，即便你是刚起步的新媒体小白，也能快速上手，套用模板产出高质量的内容，让写作变得轻松又愉快。

表 4-2　痛点式结构模板

方法名称	方法内容	举例
洞察目标受众特征	深入了解目标受众的基本属性，如年龄、性别、职业、收入等。不同的人群面临的问题各不相同	职场新人可能会为如何快速适应工作环境、提升工作技能而烦恼；中年职场人或许更担心职业瓶颈、职场竞争等问题
挖掘行业现状问题	研究所在行业的发展趋势和当前状况	教育行业中，在"双减"政策后，家长们会有如何培养孩子综合能力、如何选择合适兴趣班等痛点；医疗行业中，患者可能会遇到看病难、看病贵、等待时间长等问题
	关注行业内的热门话题和争议点	新能源汽车行业中，续航里程焦虑、充电桩布局不足等都是消费者关注的痛点

方法名称	方法内容	举例
分析竞品内容	研究同类新媒体文章，看看它们聚焦哪些问题	如果是美妆类文章，有的竞品可能会关注产品的质量和效果，有的可能会提到价格和性价比，从中发现那些被频繁提及但还未被深入解决的痛点
	分析竞争对手在解决痛点时的不足之处，找到新的切入点	其他旅游类文章只是介绍热门景点，没有关注到旅游中的消费陷阱，那么"旅游消费陷阱防范"就可以成为一个痛点方向
收集用户反馈	在新媒体平台上，积极与用户互动，通过评论、私信、问卷调查等方式收集他们的意见和建议	美食类公众号可以收集受众在做饭过程中遇到的难题——是食材搭配、烹饪技巧问题，还是厨具选择问题？

痛点式结构 = 提出问题（找痛点）+ 解决问题（给方案）

痛点式结构是一种以受众需求为中心的写作技巧，它通过识别和解决受众的具体问题来构建内容。通过这种结构，作者可以引导受众一步步深入理解文章的核心思想，同时也能够确保文章的逻辑性和说服力。

举例：范远舟在小红书上有一篇笔记《职场必修课：到底该如何正确站队？》采用的就是痛点式结构。

原文如下：

今天说说欣贵人。

要说欣贵人为什么能活到最后，除了她不拜高踩低、有眼光、有远见外，她的站队智慧也助了不少力。

站队问题，也是职场打工人不可避免的一个问题。你若站对了，就会像欣贵人一样，平步青云，步步高升；站错了，就会是第二个夏冬春，很快会沦为炮灰。

那么，职场中该如何正确站队？

1. 自己要有站队的资本，即有价值，能满足站队领导的某些利益

欣贵人为甄嬛做事，处处以甄嬛的利益为重，甄嬛指哪，她打哪。甄嬛能轻松"砍掉"皇后的"左右手"祺嫔和安陵容，欣贵人功不可没。

如果说自己暂时没实力，那还是以提升自己为主。站队也是要双向选择和等价交换的，你一心想着大树底下好乘凉，但大树可未必愿意接纳你。

2. 要选择合适的契机站队，事半功倍

欣贵人能成功站队，原因之一就在于站队时机恰当。甄嬛刚回宫，对宫中形势不熟悉，又需要得力的盟友，欣贵人看准时机，就去毛遂自荐。甄嬛经过考察后，也欣然接受。

千万别像夏冬春那样，选择在领导不缺人的时候盲目站队，结果只能成为牺牲品。

3. 要站队既有实力又有人品的领导

职场中不要看到身处高位的领导就想要巴结，你要看话语权到底掌握到谁手中。甄嬛前期位分比皇后低，后期也比端妃位分低，但她在皇上面前受宠，能说得上话。

至于人品，皇后就是最好的例子，哪怕你再效忠她，她也是无差别对待，甚至坑你最狠。甄嬛这边的福利待遇没得说。

但是要注意一点，要评估好有实力的领导是"风光无限好"，还是"只是近黄昏"。

怎么判断？平时看他所接触的，低谷期看他所做的，得势后看他所不做的；涉及原则底线时看他能否守住，看他人前人后的行为举止能否一致，对待新老员工能否切实为其考虑。

共勉。

我们来分析上例，看看作者是怎么运用痛点式框架的（表4-3）。

表4-3 《职场必修课：到底该如何正确站队？》的痛点式框架

步骤	内容	分析
找痛点	欣贵人之所以能活到大结局，除了她不拜高踩低、有眼光、有远见外，她的站队智慧也助了不少力。	亮明观点 直入主题
	站队问题，是职场打工人不可避免的一个问题。站对了，就会像欣贵人一样，平步青云，步步高升；站错了，则是第二个夏冬春，很快便下线。职场中要如何才能正确站队？	提出问题 引发阅读兴趣
给方案	①自己要有站队的资本，即有价值，能满足站队领导的某些利益。②要选择合适的契机站队，事半功倍。③要站队既有实力又有人品的领导。	分点阐述 给足干货 让用户为实用价值 点赞

 DeepSeek 帮你赢

我们以养老行业为例，让 DeepSeek 创作一篇痛点式结构的文章。

步骤 1：把痛点式结构的内容放入文档，上传，以附件形式发送给 DeepSeek，然后撰写提示词，让它帮忙找到 8 个行业痛点。

提示词参考如下：

你是一名养老服务行业的从业者，除了线下的工作外，日常会通过新媒体内容获客。

你在构思一篇痛点式结构的新媒体文章，要发布在全平台。现在，你需要做的是先找到养老行业内的 8 个痛点。请阅读学习痛点式结构资料（见附件），再按如下要求撰写。

要求：

1. 充分考虑养老行业当前的趋势和常见问题；

2. 使用痛点式结构的 4 种方法，每种生成 2 个痛点；

3. 结合最新的热点事件；

4. 附上对该痛点若形成新媒体文章的爆款度分析。

DeepSeek 的回复：

方法一：洞察目标受众特征

痛点：中年子女因工作压力无法兼顾失能父母护理（结合热点：全国超 1 亿独居老人数量创新高）。

爆款度：★★★★☆

高情感共鸣 + 职场人群覆盖广，易引发"996 打工人如何尽孝"的讨论，具备二次传播潜力。

痛点：退休老人精神需求未被满足（结合热点：清华大学退休教授吐槽养老院"文化荒漠化"视频获百万人次播放）。

爆款度：★★★★★

借势知识型 KOL 发声，契合"银发再就业"政策导向，适合打造"文化养老"解决方案。

方法二：挖掘行业现状问题

痛点：居家养老智能设备"伪适老化"泛滥（结合热点：央视 3·15 晚会曝光某品牌智能床垫虚假监测功能）。

爆款度：★★★★☆

直击智慧养老消费陷阱，提供专业评测指南易获平台流量推荐，转化率提升空间大。

痛点：认知障碍老人照护资源区域性失衡（结合热点：上海认知症照护床位空置与三线城市一床难求现象对比报道）。

......

步骤 2：我们选定其中一个痛点（此处以"痛点：退休老人精神需求未被满足"为例），让 DeepSeek 根据痛点式结构模板生成一篇新媒体文章。

提示词参考如下：

很好，让我们继续。你是养老行业从业人员身份，除了线下的工作外，日常还会通过新媒体内容获客。现在，你依旧需要阅读与学习上述附件中的背景资料文档，然后以前述"退休老人精神需求未被满足"为核心痛点，撰写一篇符合新媒体传播规律的痛点式结构文章。

要求：

1. 文章目标受众：一二线城市退休教授、医生、工程师等老人及其中年子女；

2. 结构框架：痛点挖掘＋解决方案。使用清华教授案例＋老年大学报名数据＋精神空虚引发的抑郁率统计，提出 3 个可操作性方案（需包含线上线下场景）；

3. 禁用要素：注意新媒体风控，严禁出现医疗护理类信息、基础生活服务介绍；

4. 风格要求：专业性与情感共鸣并重，善用知识型老人语录制造金句，关联"延迟退休背景下精神养老"社会议题，包含公众号长图文＋短视频口播稿双版本框架；

5. 内容限定：全文 2500~3000 字，各部分分布合理，观点清晰深刻，使用小标题分隔结构，每部分插入真实用户故事片段。

DeepSeek 的回复：

一、刺痛现实：被折叠的黄金三十年（痛点挖掘）

"当了一辈子教师，退休后反而成了精神世界的流浪者。"清华大学材料系……

二、破局之道：构建知识型长者的精神栖息地（解决方案）

方案 1：知识共享社区（线上＋线下）

● 线上：搭建"银龄智享"知识直播平台，设置"20 分钟微课堂"机制。

● 线下：组织跨学科主题沙龙，设置"专业所长兑换积分"制度。

方案 2：终身学习计划（OMO 模式）

● 线上：联合高校开发"银发专属慕课"，设立学术成果认证体系。

● 线下：打造"移动学院"实体空间，提供带研讨室的咖啡书院。

方案 3：价值再生系统（场景融合）

 只展示部分回复。

本节小结

新媒体创作可以用一个快速成文的极简结构——痛点式结构来完成。这一结构以捕捉用户需求为核心，通过"提出问题（找痛点）＋解决问题（给方案）"两步构建内容，直击读者实际困扰。应用该结构的核心在于先通过行业趋势、用户反馈或竞品分析定位关键痛点，再提供具体可操作的解决方案，形成强共鸣与实用价值。在应用过程中，我们可以结合 DeepSeek 工具快速生成行业痛点、提炼针对性方案，大幅降低创作门槛。这一结构尤其适合解决具体场景问题，既能引发用户情感共鸣，又能通过实用干货提升内容传播力，是新手快速产出高点击率内容的有效路径。

💗 **本节小练习：** 请选择一个生活场景，比如，你是学生博主，要写"考试周如何不熬夜？学生党自救指南"，用"痛点式结构"写一篇小红书笔记。

本节小练习中的提示词 +DeepSeek 回复，请关注微信公众号"焱公子和水青衣"（ID：Yangongzi2020）。

关注后输入：AI 痛点，即可获取。

第五章

打磨思维：AI 改稿让文章身价翻倍

DeepSeek 创作红利

写文章，就像种花，选对了种子，还得浇水、施肥、修剪；有了选题，写出内容，还得打磨文字。打磨的过程，就是把粗糙的石头变成光滑的珍珠的过程。

本章第 1 节的内容是打磨金句，第 2 节的内容是打磨观点、打磨论据以及开头、结尾、细节等。按理说，金句也是文章的一部分，为什么会单独列为一节？因为从新媒体文的角度来看，好传播才会出爆款。金句的传播力量，是其他部分都赶不上的。

你在手机上刷到一篇长文，可能记不住中间讲了什么道理，但结尾那句"你所谓的稳定，不过是浪费生命"会突然击中你。这种句子天生带着"传染"性，像咱们小时候记住的顺口溜，不需要理解多深，但念两遍就会被刻在脑子里。

金句的本质是在帮用户偷懒——现代人没耐心读完整篇文章，但愿意为三秒的清醒痛感买单。你在朋友圈看到"所有的减肥失败，都是精神对肉体的背叛"时，会不自觉点头，因为它替你总结了熬夜吃炸鸡时的愧疚感，还裹着一层糖衣让你能转发出去，既像在表达态度，又像在展示自己活得通透。

更重要的是，金句是社交货币的黄金分割点。比起转发整篇深度分析，人们更愿意分享"运动时流的泪，都是点奶茶时脑子进的水"这种带刺的调侃，既不用暴露自己的真实困境，又能让看到的人会心一笑，在点赞之交的关系里完成一次心照不宣的默契碰撞。这种传播效率是再精妙的逻辑论述都难以替代的。

"好文章就像好菜，要用心种，才能长得好。"下面，让我们一起来开启打磨之旅，"种出"那些让人一看就爱上的文章。

第一节　用 DeepSeek 打造金句制造机，3 步秒出万赞金句

金句就是让人印象深刻的句子。字数不多，但一般朗朗上口，能引发用户强烈共鸣，激发他们想要点赞和转发的欲望。下面给大家分享 3 种我们常用的打磨金句方法。

方法一：直接引用

对于新媒体创作新人来说，直接引用他人的金句是最简单的方式。需要注意的是，引用的金句必须与文章主题契合，即引用内容不能与文章主题格格不入，否则就会突兀、生硬，有矫揉造作感。

特别提醒：

①既然是引用，就必须标明出处，写清楚原句出自谁／出自哪本著作。

②在一篇文章中，引用的金句不宜过多。3000 字的文章，不超过 3 句即可。引用过多，会有堆砌感，而且文章的原创度就会过低。

另外，如果实在找不到来源，无法标明出处，你可以

在引用时，加上"特别句式说明"："之前看到过这样一句话……"或"网络上有人曾经说过……"。

如果引用的金句不是一句，是好几句，那这里给大家分享一个很好用的"重新叙述法"：

①把原句核心元素提取出来。

②在核心元素的基础上，用自己的话重新叙述一遍，得到新句子。

比如，原句是"清明播种、谷雨插秧，顺着它走，庄稼才不和你闹别扭！夏至不锄草，秋后满地跑；秋分不晒粮，寒冬喝风凉"。

在找不到出处的情况下，我们就可以提取核心元素，用自己的话重新叙述一遍，比如可将上句变为："节气就是老祖宗们生成的种地指南，惊蛰翻土、小满灌浆，盯紧那一波波推送，千万别错过农时，否则就不赶趟儿了！以下这 24 篇置顶干货，你得刷完，才敢说自己是新农人！"

 DeepSeek 帮你赢

现在有了 AI，我们也可以输入找到的金句，让 DeepSeek 帮忙用重新叙述法得到新句子。

以传统零售行业为例，我们找到了这样一个金句："从三尺柜台到无限货架，指尖滑动间完成百年商业基因的进化——当老字号遇上新流量，每个点赞都是百年商道的新注脚。"假设没能找到出处，你需要 DeepSeek 帮助重新叙述。

提示词参考如下：

你是一个传统零售行业的老板，转型线上做自媒体。现在需要写一篇新媒体文章，但是觉得精彩度欠缺。从网上找到一个金句"从三尺柜台到无限货架，指尖滑动间完成百年商业基因的进化——当老字号遇上新流量，每个点赞都是百年商道的新注脚"，现在请你先提取出核心元素，再用自己的话重新叙述一遍，变成自己的金句，以用到新媒体文章里。

DeepSeek 的回复：

核心元素拆解与提取：

1. 空间转换（柜台→货架）。

2. 时间维度（百年基因→即时互动）。

3. 新旧碰撞（老字号 × 新流量）。

4. 互动符号（点赞＝商业传承）。

5. 进化意象（基因／商道进化）。

重构金句：

【经典版】

"青砖柜台凝练的商道智慧，在指尖触达的云端货架焕发新生——当匠心字号邂逅数字洪流，每单成交都是商业文明的当代续写。"

【网感版】

"从拨算盘到刷屏幕，百年老店玩转流量密码！你双击红心的瞬间，老商号正在线营业第 101 个春天。"

【对仗版】

……

【意象版】

……

注 只展示部分回复。

方法二：仿写

在逐渐提升写作能力后，我们还可以通过仿写来让自己的表达更加精准到位。以下分享 3 种方法。

①拆解原句结构，代入新句主题（表 5-1）。

表 5-1　拆解法

序号	步骤	措施	范例原句	仿写句
1	挑选	挑选一个金句		挑选的范句由 3 个短句构成
2	分析	分析结构；识别组成部分；提炼句式核心关键词	"真正的勇气，不是没有恐惧，而是在恐惧面前依然选择前行。"	关键词汇："真正的""勇气""不是……而是……"
3	删减	剔除原句中与特定主题相关的词汇；保留关键词		"真正的""不是……而是……"

续表

序号	步骤	措施	范例原句	仿写句
4	代入并润色	代入新主题；润色新句子	"真正的勇气，不是没有恐惧，而是在恐惧面前依然选择前行。"	代入新主题（比如，"坚持"）："真正的坚持，不是没有困难，而是在困难面前依然选择坚定。" 润色并完善："真正的坚持，不是没有困难，而是在困难面前依然选择坚定地勇往直前。"

②保留半句 + 替换半句。修改原句组成部分，搜索相关金句，做句子整合式仿写（表 5-2）。

表 5-2　替换法

序号	步骤	措施	范例原句	仿写句
1	选定搜索	选定范例原句；搜索与新主题相关内容并提炼核心元素	"梦想不是挂在嘴边的空话，而是需要用行动去实现的承诺。"	"梦想""行动""承诺"
2	保留与替换润色调整	保留原句的一半；将另一半替换成搜索的金句；对整合出来的新句子做润色与调整		☆保留前半句，将其改编为："梦想不是挂在嘴边的空话，而是心中坚定的信念。" ☆保留后半句，将其改编为："成事登顶不是空唱好听的颂歌，而是需要用行动去实现的承诺。"

③改变主语或形容词。在仿写时，可以调整句中主语或形容词，得到新句子（表 5-3）。

表 5-3　改变主语法

序号	步骤	措施	范例原句	仿写句
1	挑选	挑选一个金句	"懂事的孩子，只是不撒娇罢了，只是适应了环境做懂事的孩子，适应了别人错把他当成大人的眼神。懂事的孩子，也只是孩子而已。"	以"独立"作为关键词
2	识别	识别原句中的主语或容词		懂事
3	替换并润色	将这些词语替换成与写作主题相关的词汇，再对句子进行润色和优化		"独立的孩子，只是不轻易依赖罢了，只是学会了在环境中独立成长，学会了面对他人期待的眼神。独立的孩子，也只是个孩子而已。"

我们还可以替换原句中的主语。如果将主语从"孩子"换成"父亲"，就可以这样改写："坚强的父亲，只是不轻易流露情感罢了，只是习惯了作为家庭的支柱，适应了别人眼中他是坚不可摧的形象。坚强的父亲，内心也只是个有血有肉的人而已。"

方法三：套模板创作

对于已做过上述仿写训练的学员，我们会提出更高的要求——创作金句。为了能高效快速达到"出句率"，在研究拆解了上万篇新媒体作品后，我们总结了 5 个各行各业博主都能使用的新媒体金句直替模板，只需替换【】内的关键词，你就能原创出金句。

- 模板 1：只要 _____，就能 _____。

模板提示：只要【行动】，就能【结果】（即填充"只要【具体动作/坚持的行为】"，就能"【可量化的成果/情感收获】"）。

示例：

职场赛道：只要每天多学【一个 Excel 技巧】，就能【在半年后让同事称你为高手】。

● 模板 2：别总想 _____，先搞定 _____。

模板提示：别总想【大目标】，先搞定【小细节】（即填充别总想【遥不可及的理想】，先搞定【当下可执行的动作】）。

示例：

育儿赛道：别总想【把孩子培养成天才】，先搞定【他写作业不啃橡皮】。

副业赛道：别总想【一夜涨粉 10 万】，先搞定【每天发 3 条走心评论】。

● 模板 3：_____ 不可怕，可怕的是 _____。

模板提示：【痛点】不可怕，可怕的是【错误应对】（即【用户痛点】不可怕，可怕的是【常见的错误反应 / 认知】）。

示例：

职场赛道:【加班】不可怕，可怕的是【用熬夜感动自己，用低效拖垮团队】。

● 模板 4：你以为 _____，其实 _____。

模板提示：你以为【表面现象】，其实【深层真相】（即你以为【大众普遍认知】，其实【反常识的本质】）。

示例：

心理赛道：你以为【自律是逼出来的】，其实【找到"爽点"的自律才可持续】。

● 模板5：从 _____ 到 _____，就差 _____。

模板提示：从【旧状态】到【新状态】，就差【关键动作】（即从【现状/问题】到【目标/改变】，就差【具体方法】）。

示例：

学习赛道：从【学5分钟就犯困】到【一口气刷题2小时】，就差【把手机锁进冰箱】。

直接引用、仿写、套模板原创，这三种方法按难易程度可以这样排序：

直接引用法：★

仿写法：★★

套模板创作法：★★★

刚开始创作内容的人，可以按难易程度，循序渐进地进行金句练习。你若能认真打磨，定会为作品增光添彩。

 DeepSeek 帮你赢

我们以制造行业的"集装箱走出国门"选题为例，从5个模板中，选定一个，让 DeepSeek 生成5个金句。

提示词参考如下：

你是一名制造行业的从业者，已撰写了一篇以《集装箱走出国门》为题的新媒体文章初稿（见附件）。现在，你想打磨金句，以期让文章能更具吸引力。请你按模板"你以为 _____，其实 _____。"的要求，生成 5 个相关金句。

注意：该模板的要求是你以为【表面现象】，其实【深层真相】（即你以为【大众普遍认知】，其实【反常识的本质】）。

金句撰写要求：

1. 与行业、选题紧密相关；

2. 句子不超过 30 个字；

3. 严格按照模板要求生成；

4. 生成的 5 个金句需拥有不同角度，不可雷同。

DeepSeek 的回复：

1. 你以为只是铁皮集装箱，其实是流动的中国智造基因库。

2. 以为出口靠低价取胜，其实是国际标准倒逼的质量勋章。

3. 看似方寸之间的堆砌，实为全球物流的密码破译器。

4. 当你在看标准箱尺寸，我们在重构世界贸易的语法。

5. 表面是金属的碰撞声，内里是文明的对话场。

本节小结

　　在新媒体创作中，金句是提升文章传播力的关键。本节介绍了三种打磨金句的方法。直接引用法最简单，但需注意标明出处且不宜过多，若无法确认来源，可用"重新叙述法"改写；仿写法适合进阶创作者，通过拆解原句结构、替换主语或形容词生成新句；套模板创作法提供了 5 个通用模板。此外，DeepSeek 可辅助生成多版本金句，提升效率。无论用哪种方法，核心是让句子简短有力、引发共鸣，成为用户愿意转发的"社交货币"。

　　♥ 本节小练习： 假设你是美食博主，需为"自制健康零食"主题文章创作金句，请使用 DeepSeek 辅助完成。

本节小练习中的提示词 +DeepSeek 回复，请关注微信公众号"焱公子和水青衣"（ID：Yangongzi2020）。

关注后输入：AI 金句，即可获取。

第二节　用户疯转的文字，DeepSeek 助你精准拿捏

　　新媒体平台上，最宝贵的资源莫过于用户的时间。若想在海量的新媒体创作作品中脱颖而出，很关键的一点，是注重作品中的"信息密度"。也就是说，你须在一个几百字的图文或不足 5 分钟的视频作品里，尽可能多地提供足够丰富的信息内容。如果初稿没有做到，那么在内容完成后，你就要做出打磨——增、删、改，润色、优化、调整。

一、打磨观点：扩展观点深度和广度

　　阐述一个观点，如果你能从 5 个不同维度论证，而他人只能提供三个（又或者在解释一件事时，你能从 5 个不同角度阐述，而他人只能提供三个），那么你的创作内容就已经在信息量上胜出了。

　　谁能提供更多有价值的视角，谁的信息密度就更强，文章内容更丰富。

　　范远舟曾写过一篇 10 万 + 阅读量的文章《我见过情商最低的行为，就是不停地讲道理》。文章的标题即是核心论点。

为了充分论证，她围绕论点从 5 个不同的维度进行了深入探讨。分别是：

◎高情商的领导者，更少地向员工灌输道理。

◎高情商的父母更少地向孩子灌输道理，反之亦然。

◎真爱无须过多的道理。

◎高情商的人不会与情商较低的人过多争辩。

◎高情商的人不会与朋友过多地讲道理。

增加论点的多个维度，是扩展性写作中提高文章内容丰富性的一个有效策略。

 DeepSeek 帮你赢

还是以范远舟的文章《我见过情商最低的行为，就是不停地讲道理》为例，我们让 DeepSeek 围绕论点，生成 5 个不同的维度。

提示词参考如下：

你是一名通信行业的从业者，也是一名网络科技领域的博主，擅长从不同角度论证一篇文章的核心观点。现在你打算撰写以《我见过情商最低的行为，就是不停地讲道理》为题的文章，希望能从 5 个不同维度展开论述，以期获得新媒体平台用户的认可与喜欢，获得高点赞率与转发率。

要求：

1. 每个维度需包含：

核心矛盾冲突点（使用"要 A 还是要 B"句式）；

典型场景案例（职场 / 亲密关系 / 社交等不同领域）；

可引证的心理学理论。

2. 避免使用"换位思考""情绪价值"等陈词滥调。

3. 包含 1 个反直觉的颠覆性角度，至少 2 个维度涉及神经科学原理。

4. 案例需含 Z 世代特征（如数字化沟通场景）。

DeepSeek 的回复：

1. 关系维度

【冲突点】要逻辑压制还是要情绪共振？

【案例】游戏社交中连续发送攻略修改建议导致队友退群。

【心理学】前额叶 - 边缘系统冲突模型。

2. 认知维度

【冲突点】要证明正确还是要关系能量？

【案例】微信群争论算法优劣导致现实聚会邀约被取消。

【心理学】社会交换理论。

二、打磨论据：增加案例数量，选择不同维度的论据

要提升文章深度与丰富性，关键在于论据的积累运用。当阐述一个观点、理念或概念时，单一案例可能会令全文显得不充分、不足以说服人，你若能引入两三个不同案例，从不同角度阐述，则会使论点更有力、更具可信度。

范远舟写过一篇 10 万 + 文章《真正会聊天的人，懂得把优越感留给对方》。文中在探讨"如何在对话中不过分展示自己的优越感"时，她提出了一个观点："避免在对方面前炫耀自己拥有而对方所缺乏的东西。"

为阐释这一观点，她给出了多个实例论据：

◎如果对方体重较重，避免频繁谈论自己的体重问题。

◎如果对方身高不高，就尽量不要触及身高这一话题。

◎如果对方学历不高，就少谈论学历的重要性。

◎如果对方来自农村，就避免过多讨论农民工的问题。

翻阅本书，你会发现我们的写作风格：在讲解方法、公式、模板，需要举例时，会尽可能多地提供两个甚至两个以上的例子。这样做的好处显而易见：不仅能增加文章信息量，也更易于理解，内容丰富、引人入胜。信息密度高对用户来说，就意味着更佳的阅读体验、更高的知识价值和更强的分享动力。

都说"工夫在诗外"，若想在一定时间内，围绕观点快速找到、放置不同的论据例子，在平时就要做好收集工夫。在本书第三章中，收集整理、搭建素材库就派上大用了。

三、打磨全文：修改五步法，精雕细琢作品

鲁迅先生说："文章写完后至少看两遍，竭力将可有可无的字、句、段删去，毫不可惜。"

茅盾说："练习写作的秘诀是不怕修改。"

诸多名人名家都在身体力行地告诉我们，想要写出好文章，认真修改与打磨少不了。如何修改文章，提升成稿效果？我们推荐"修改五步法"（图 5-1）。

| 雕琢框架 | 雕琢开头 | 雕琢结尾 | 雕琢小标题 | 雕琢细节 |

图 5-1　修改五步法

➤ 雕琢框架。

修改文章如同给老房子改造水电，我们必须先找到核心管道。在第四章"祛魅思维"中，我们已经有结构化模板储备（三段论结构、对比式结构、并列式结构、痛点式结构），那么，打磨阶段，我将向你推荐"结构对标法"——打印出初稿，将其铺在桌面；左手压着选定的结构模板（比如痛点式结构），右手拿出三种颜色记号笔做实操。

我们有一个学员是做家庭教育机构的，她在修改《高效

学习法》推文时，原文采用的全是自嗨式写法——大谈方法论体系。我们教她用"结构对标法"来做改造调整：

步骤 1： 用红色笔圈出所有学员真实痛点描述（如"记不住知识点""做题速度慢"）。

步骤 2： 用黄色笔标出现有内容中符合痛点式结构的部分。她发现，原文前 3 个部分只有 2 处痛点描述。

步骤 3： 用蓝色笔在空白处补写缺失的"场景还原"和"对比案例"。

步骤 4： 完全按照痛点式结构，将课程推文重构为"5 个学习痛点→3 个认知误区→针对性解决方案"，每个部分清晰明确，内容丰富而翔实。这篇被反复打磨过、结构合理的推文配合私域销讲、朋友圈营销，转化率直接从 1.2% 提升至 3.8%。

使用"结构对标法"打磨文章框架时需注意 3 个点：

①对照结构模板，检查核心模块是否齐全，比如痛点式结构必须包含"痛点场景—解决方案"要素，一经查出缺漏，就要标注好；

②用不同颜色标注现有内容与模板的匹配度，缺失部分用便签纸补充；

③最后通读时要注意各模块之间的过渡衔接，确保逻辑如拼图般严丝合缝。

↖ 雕琢开头。

打磨文章开头就像给陌生人指路——要在两三句话里就说清方向，让人愿意跟着所指的方向走。

步骤 1：把写好的开头打印出来，做以下三件事。

● 圈出所有专业术语。用红笔圈出所有让外行人皱眉的词，比如"赋能""垂直领域""底层逻辑"这些词。案例如下。

原句："我们需要在垂直领域持续赋能，打通底层逻辑。"

改后："我们要教会新手妈妈 3 招，把纸尿裤选明白。"

● 划掉自我感动的形容。划掉所有感动自己但和读者无关的描述，比如"我熬了 3 个通宵研究发现……"这类作者"自嗨"的内容。案例如下。

原句："在那个星光璀璨的夜晚，我顿悟了人生真谛……"

改后："上周二送孩子上学的路上堵车时，我突然想通了……"

● 在空白处写下"所以呢？"这三个字。

在段落旁写下这三个字，时刻告诉自己：要说人话。这是开头，关系着用户会不会停留。如果不说人话，用户看不明白开头，哪怕正文再精彩，也没人欣赏。因此每写完一句就问自己："所以呢？读者为什么要关心这个？"案例如下。

原句："根据马斯洛需求层次理论……"

自问自答："所以呢？这和读者有什么关系？"这里应该说："为什么你明明有存款还是焦虑？"

步骤 2：真正有效的修改从观察读者反应开始。你可以找家人或朋友阅读开头，问一问他们的意见，然后再根据意见做调整。

步骤 3：用"电梯测试"验证。每次在打磨开头的时候，就想象自己和读者同乘电梯，你能在 20 秒内用开头内容让他主动问出"然后呢"吗？做不到，就继续改。

记住：好开头不是写出来的，是站在读者角度一遍遍磨出来的。

↖ 雕琢结尾。

步骤 1：不要假大空，要细节场景化。改结尾，得把"提升能力"这类干巴巴的词换成带着温度的文字。论文体、工作报告体中的"系统化""构建体系""深度思考"等，都缺乏温度，全部要换掉。

比如，写"要学会时间管理"，写实习生深夜边哭边改 PPT，就不如改成："上周市场部小琳穿着汗湿的衬衫赶方案时，发现客户最在意的从来不是页数，而是你在尊重客户意见的同时仍然坚守原则。"

步骤 2：不要虚喊口号，要写具体动作。

比如，写"要培养职场敏感度"，就不如改成："明早打完卡，别坐椅子，站在工位旁听五分钟——听键盘声怎么从泄愤式敲打变成心虚的'嗒嗒'响，听听同事接电话说'好的'，可后面是挂了电话的叹气。"

步骤 3：不要温吞结束，要反向刺激。好结尾得是马戏团空中飞人撒手的瞬间，让人的心能悬到嗓子眼。

把那些"希望本文对你有帮助"的客套话删除，换成制造悖论："收藏本文毫无意义，除非你现在去翻聊天记录，找出最近三次说'马上就好'的真实间隔时长，你会发现：领导回复'嗯'时的秒数，和你工资卡余额增长的速度惊人一致。"

这种结尾像突然关掉的电闸，黑暗里反而能让人的听觉敏锐起来。

🏹 **雕琢小标题。**

步骤 1：建立标题与主题的强关联。判断小标题是否合格的核心标准，是看它能否准确传递文章的核心价值。具体操作可分两步验证：

先将文章核心观点浓缩成 15 字内的短句（例如"新手写作的 3 个避坑技巧"），然后逐一检查每个小标题是否在解释、支撑或延伸这个核心观点。如果发现某个标题游离在核心之外，立即标注黄色高亮（需要优先处理的冗余信息）。

以职场干货文为例，假设主题是"提升职场沟通能力的 5 个方法"，如果出现"如何制作 PPT 更专业"的小标题，明显偏离了沟通主题，此时需要将标题调整为"用视觉化沟通降低理解成本"这类相关表述。

建议创建标题筛查清单，通过这三项检验的标题才算过关（图 5-2）。

图 5-2　三项检验标准

步骤2：打磨标题的视觉冲击力。检验标题吸引力可以用"三秒测试法"：将小标题单独复制到空白文档，设置成手机屏幕大小，让不熟悉内容的读者快速浏览。如果对方在3秒内能准确抓住重点，说明标题合格；如果对方出现疑惑表情或反复回看，则需要优化。

提升吸引力的实操技巧如下。

● 前置核心价值，例如把"时间管理的误区"改为"90%人踩坑的3个时间陷阱"。

● 制造认知反差，"努力工作反而升职慢？"比普通陈述更具穿透力。

● 嵌入数据符号，"月薪3000元到30 000元的写作秘籍"比"写作提升指南"更具体。

注意避免过度夸张，保持标题与内容的一致性，否则会损伤信任度。

步骤3：构建逻辑递进关系。梳理标题逻辑推荐使用"想象汇报测试法"：将所有小标题按顺序读出来，想象正在给领导汇报。如果出现卡顿、重复或顺序混乱，说明逻辑需要调整。优质标题链应该呈现"认知台阶"的递进结构［图5-3（a）］。举例：以理财类文章为例，全文分四部分，每部分的原始小标题［图5-3（b）］。做出小标题雕琢后，调整过的逻辑则更顺滑［图5-3（c）］。

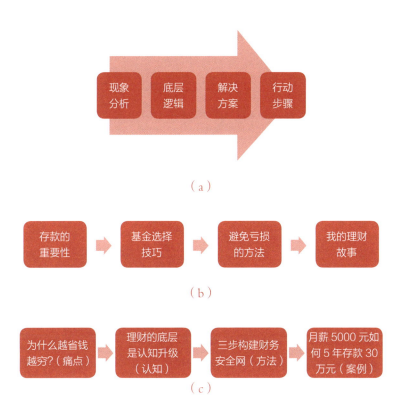

图 5-3　优质标题链的递进结构

我们可使用逻辑关系词检验：每个标题开头加入"为什么""如何""其实""关键""最终"等词，检查是否形成完整思维链条。

➤ 雕琢细节。

步骤 1：识别冗余信息。删改的核心在于建立清晰的判断标准。以下三类就是必删项（表 5-4）。

表 5-4 删改法

种类	冗余信息	删除/优化原因	案例
功能性虚词	"着""得""了""那""就"等语法助词	过量使用会导致文字松散	将"他微笑着点了点头表示赞同"精简为"他点头示好"
重复性副词	"非常""特别""基本上"	程度修饰词在缺乏具体佐证时反而会削弱表达力度	将工作汇报里"项目进展非常顺利"升级为"提前12天完成第二阶段，节省预算23万元"
抽象形容词	"美丽的""精彩的"	应将这类无效修饰词转化为具体场景描写	将"美丽的花园"改写为"爬满蔷薇的铸铁围栏"

实际操作时可运用"三读法"：第一遍通读时用红色标注所有冗余词，第二遍替换抽象表述为具象描写，第三遍删除不影响表意的连接词。以职场报告为例，原句"我们非常高兴地看到项目基本上达到了预期目标"，经过雕琢后，变为"项目完成度102%，超核心指标"。修改后，该句信息密度提升了60%，增加了信服度。

建议每份作品都设置5%的删减硬指标，即1000字文章删除50字冗余信息。

步骤2：升级表达颗粒度。替换优化需要建立"表达升级清单"，要重点处理三类关键词（表5-5）。

表 5-5　表达升级关键词

种类	原则	案例
动词	动词升级遵循"去通用化"原则	将"提高效率"具体化为"压缩审批环节 3 道"
数据词	数据词呈现遵守"去抽象化"法则	把"很多用户"转化为"87% 的 25~35 岁女性用户"
逻辑连接词	逻辑词替换采用"去模糊化"策略	将"可能是因为……"改为"数据显示超六成问题源于……"

以科技类文章修改为例，原句"该技术显著提升了处理速度"存在两处优化空间：

- 可将"显著"量化为"提速 47%"；
- 可将"处理速度"具象为"图像渲染速度"。

所以，调整后的句子就是："新技术使图像渲染速度提升 47% 信息价值倍增。"

建议创建个人词库，分门别类收集，诸如强力动词（比如"重塑""激活""重构"）、精准副词（比如"环比上涨""指数级增长"）、专业术语（比如"长尾效应""帕累托法则"），写作时进行定向调用。

 DeepSeek 帮你赢

在本节中，用 AI 帮助雕琢文章，不管是优化观点、论据，还是调整开头、结尾、框架、小标题、细节，所用到的提示词差不多都是一样的。你要雕琢哪一项，就把提示词里的名称、数字换一换即可。

故此，我们只以雕琢结尾为例，来看看，如果是实体老板想用 AI 打磨优化新媒体作品，可以怎么操作。

假设现在有 4 个正在学习新媒体的中小企业老板，他们分别经营社区文具店、家庭豆腐作坊、县城儿童影楼和自助健身房。

他们 4 人都各自写完了一篇新媒体文章，可自己是新人，还不太会打磨结尾，那么就可以将初稿以附件形式上传给 DeepSeek，让 DeepSeek 作为资深新媒体导师来做检查、优化结尾。

提示词参考如下：

你是一名资深的新媒体导师，擅长做爆款。我有一篇新媒体初稿（见附件），现在需要你检查、优化与润色结尾。请先指出问题再做出订正。

要求：

1. 生成的新结尾要体现行业特点；

2. 说人话，通俗易懂，不要有艰深术语；

3. 符合新媒体传媒原理，能吸引用户，有爆款潜质；

4. 不超过 300 字。

输入提示词后，就能得到 DeepSeek 的回复，我们汇总如下（表5-6）。

表 5-6　DeepSeek 优化效果展示

实体店	结尾原句	问题	雕琢后
社区文具店	希望大家都能来我们店选购文具，我们会持续优化商品结构，加强客户体验，与周边学校建立良好合作关系，共同创造更美好的学习环境！	典型假大空结尾，毫无文具店特有的订书机卡壳声、学生买卡贴等真实场景。	上周四，穿洞洞鞋的男孩攥着零钱来回进出七次，终于偷偷买到奥特曼卡包时，收银台验钞机的蓝光正扫过他爸鞋面上干结的水泥块——干我们这一行，最大的快乐，就是学生们会笑着告诉你，他们真正要的是能塞进裤兜的叛逆形状。
家庭豆腐作坊	传承古法技艺，秉持匠心精神！我们将严格把控生产环节，确保每块豆腐都美味健康，让传统美食走进千家万户。用心做好豆腐，我们一直在路上！	滥用宏大词汇，完全回避凌晨四点磨豆机轰鸣、用纱布滤浆时烫伤手背等真实细节。	现在数数第三块纱布边缘的破洞，超过六个就要换右手去缠保鲜膜。传承？匠心？那些太复杂的语句我不会，我只知道，卖豆腐的大娘摸到的不是嫩滑度，而是手背疤痕和黄豆渍交替的厚度。
县城儿童影楼	用镜头记录成长，用爱心定格幸福！我们将引进先进拍摄设备，提升专业技术水平，为每个家庭留下最珍贵的回忆。孩子的笑容是我们最大的追求！	虚浮宣传语，毫无"修图师连夜P掉蛀牙"等真实行业痛点。	师傅说：机器不重要，什么重要呢？上周他给那家妞妞拍百天照时，镜头捕捉的不只是口水印，还有背景布后面她爸爸无意间露出的憨憨望着小棉袄的笑——客户真正想留住的，是孩子与家长每一个鲜活的瞬间。哪怕，是突然尿湿裤子搞得新手爸妈手忙脚乱的模样，真实又生动，能一直留在时光中。

续表

实体店	结尾原句	问题	雕琢后
自助健身房	倡导全民健身理念，打造智能健身空间！我们会不断完善器材维护，优化会员服务，让运动变得更便捷高效。健康生活，从此刻开始！	完全模板化结尾，缺失"深夜醉酒客霸占跑步机""更衣室总输错密码锁"等真实画面。	你流的每一滴汗，身体都记得。那些说"下次再练"的人，最后都被困在了"下次称体重"的循环里。明天早晨七点，要么被子封印你，要么你来封印卡路里。

★如果 DeepSeek 第一次调整优化的效果，你不是很满意，可以进行多轮互动。你也可以把本节中所写雕琢结尾的方法作为参考资料，用附件上传，让 DeepSeek 阅读学习后，按照方法做出优化。

本节小结

提升文章信息密度是留住用户的关键。本节从观点、论据、全文三方面讲解打磨方法：打磨观点需多维度论证；打磨论据要增加案例数量；打磨全文可采用"修改五步法"：调整框架可用"结构对标法"补全痛点描述；雕琢开头需删除专业术语和自嗨内容，用"电梯测试"检验是否吸引人；结尾要细节化；优化小标题需确保与主题强关联、删减冗余词。你也可以将资料"投喂"给 DeepSeek，让它辅助优化打磨。创作新人尤其要重视打磨这一最后步骤，通过不断练习、复盘，爆款文章一定就不远了。

♥ **本节小练习**：假设你写完了一篇情感类文章《真正爱你的人，微信上会留下这 3 种痕迹》，但文章开头平淡，现在请用 DeepSeek 做打磨优化。

本节小练习中的提示词 +DeepSeek 回复，请关注微信公众号"焱公子和水青衣"（ID：Yangongzi2020）。

关注后输入：AI 打磨信息，即可获取。

第六章 引流思维：读完秒被加微信，让粉丝主动买单的秘籍

DeepSeek 创作红利

第一节　高价值"钩子"："钩子"这样埋，激发用户"想要"的心理

在公域平台上，每个人都有发声的机会，但如何让声音被听见、如何让内容产生影响力是一门艺术。通过巧妙地埋下"钩子"，我们可以引导用户采取行动，从而实现内容的传播和影响力的扩散。这不仅是对流量的珍惜，更是对创作者自身努力的尊重和肯定。

在埋"钩子"的过程中，我们需要避免违规行为，比如直接留下微信、手机、邮箱等联系方式。我们可以通过提供价值（相关资料）、解答、解决方案、相关福利等方式，激发用户"想要"的兴趣，引导他们主动与我们建立联系。

一、"钩子"类型

● **电子资料**。比如，范远舟曾经在小红书上更新过一篇笔记《四个月涨粉 1 万，全靠这 4 个万能标题公式》（图 6-1）。在文章中，她提供了这 4 个标题公式，以及相关案例。在该篇笔记的评论区，她埋下了"钩子"："如果你还是不知道怎

么写，我可以给你发爆火标题万能词，你直接套用就好。"

图 6-1 评论区埋电子资料"钩子"

●**咨询答疑**。焱公子曾经在公众号上更新过一篇文章《1 篇故事上亿人传播：行业故事怎么讲才能突破圈层？》（图 6-2）。在文章的末尾，他这样埋了"钩子"："今天中午 12 点，我会在直播间分享持续输出内容的 7 个词，掌握好它们，从此不担心内容。感兴趣的，赶快预约，我在直播间等你。"

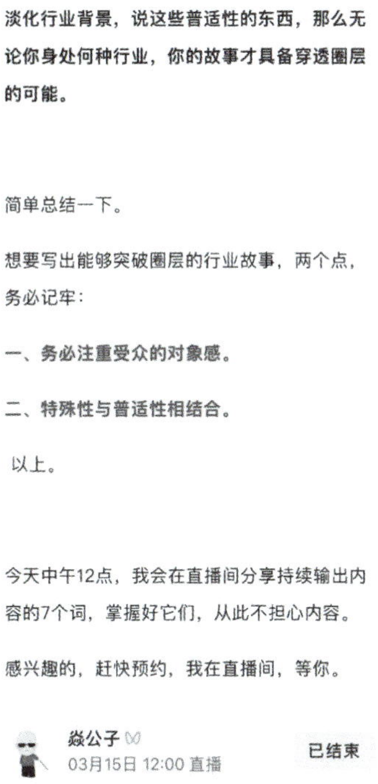

淡化行业背景，说这些普适性的东西，那么无论你身处何种行业，你的故事才具备穿透圈层的可能。

简单总结一下。

想要写出能够突破圈层的行业故事，两个点，务必记牢：

一、务必注重受众的对象感。

二、特殊性与普适性相结合。

以上。

今天中午12点，我会在直播间分享持续输出内容的7个词，掌握好它们，从此不担心内容。

感兴趣的，赶快预约，我在直播间，等你。

焱公子 ✅
03月15日 12:00 直播   已结束

图 6-2　文章末尾埋"钩子"

●**解决方案**。小红书博主"媛媛姐／一璐有媛创始人"在小红书上更过一篇笔记《苏州沙龙活动 6 类、185 个沙龙主题》。她在笔记中做了软植入："刚整理完一整套 SOP，今天先分享拿了就能用的 185 个沙龙主题，分 6 类（持续更），想做小而美的女性沙龙的朋友赶紧先 S[①] 藏，call'1'传送完整版。"

●**多种福利**。焱公子在公众号上有一篇文章《普通人跨界

———————————

① 　"收"用字母"S"来代替。——编者注

生存指南：从谋生到发光的距离有多远？》。文中，他以自身为例，从 4 个角度讲述跨界以来最珍贵的经验和感悟。在文末，焱公子以"如果你真的茫然无绪，或许，你可以从这里开始"为引，无缝衔接其与水青衣合著的新书《引爆 IP 红利》。针对读者"理论难消化""执行缺陪伴"等核心痛点，拿出了知识交付组合拳——"1 本书 + 共读社群 + 课程 + 测评 + 商业咨询"（图 6-3）。

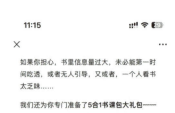

图 6-3　多种福利"钩子"

二、"钩子"的使用场景

在互联网上，会有多个场景需要使用"钩子"。例如公域平台的视频、图文笔记、评论区、直播间；私域中的朋友圈正文、朋友圈评论区、社群发言、私域直播。下面，我们从以下几个维度，来分享这些场景的具体使用与内容设计（表6-1、表6-2）。

表6-1 "钩子"的使用场景

平台	场景	"钩子"类型	案例
公域	视频	悬念"钩子"	"3个月涨粉5万人的秘诀？最后3招！"
	图文笔记	福利"钩子"+干货"钩子"	"私信'模板'免费领小红书爆款攻略"
	评论区	互动"钩子"	"留言你的减肥难题，抽3人送方案！"
	直播间	限时"钩子"	"今天下单立减100元，仅剩50件！"
私域	朋友圈正文	故事"钩子"	"她靠副业月入5万元，私信'副业'了解"
	朋友圈评论区	引导"钩子"	"点击链接报名一对一新手体验课"
	社群发言	任务"钩子"	"7天读书打卡，完成奖盲盒，接龙报名→"
	私域直播	专属"钩子"	"社群专属：明晚8点领工具包，限前50名"

三、"钩子"的内容设计

 DeepSeek 帮你赢

以房产装修行业为例，让 DeepSeek 用上述其中一种方式，制作一份"钩子"内容（表6-2）。

你要确定好平台以及"钩子"使用场景，然后上传背景资料（选题内容或文章初稿＋"钩子"定义），让 DeepSeek 阅读学习文档内容，制作一份"钩子"内容（此处以抖音平台的短视频为例）。

提示词参考如下：

你是一个软装工作室主理人，要制作一条揭示家具尺寸痛点的短视频，发布在抖音。你希望通过强互动设计增加观众的参与度，提高视频的互动率，从而实现精准引流。请你认真阅读学习资料（见附件），根据以下要求，制作一份"钩子"内容。

要求：

1. 务必根据文档中的"钩子"定义、类型来制作；

2. 需要提供 8 个版本供用户选择，确保"钩子"简洁有力，并且适合视频形式；

3. 语言口语化，符合抖音平台风格；

4. 视频有新媒体感，具爆款潜质。

表6-2 "钩子"的内容设计

名称	内容	步骤	案例	步骤说明
悬念式钩子 注意：避免过度夸张导致用户失望；悬念需与用户真实需求强相关	通过"未知感"吸引用户注意力	提出问题	"如何做到3个月涨粉5万？"	直接抛出用户心关心但无明确答案的疑问，利用问题本身引发好奇
		隐藏关键信息	"最后一步90%的人都忽略了"	只透露结果或部分过程，让用户产生"答案可能对自己有用"的预期
		场景化暗示增强真实感	具体数字（"月入5万元的宝妈"），时间限制（"仅限今晚"）或身份标签（"新手必看"）	让用户觉得信息与自己相关，从而主动追问答案
互动式钩子 注意：任务难度需低（用户不愿付出高成本）；及时反馈奖励（如抽奖结果立即公布名单）	降低用户参与门槛，同时提供明确行动指令	以提问引导用户回答具体问题	"你最想解决的育儿难题是什么？"	从用户的需要出发
		设计任务挑战并承诺奖励	"评论区晒步数抽奖"	用利益驱动用户完成简单动作
		通过开放式互动拉近距离，以群体氛围推动个体参与	在社群场景中利用接龙、打卡等形式	将用户从"旁观者"转化为"参与者"，并在行动后给予即时反馈（如抽奖公示、发放福利），强化用户正向体验

续表

名称	内容	步骤	案例	步骤说明
弱点式钩子 注意：痛点描述要具体（如"文案阅读量低"），避免泛泛而谈	精准切入用户尚未满足的需求或正在经历的困境	通过场景化痛点描述用户日常困境	"每天加班到凌晨，工资却不见涨"	引发共鸣
		用对比反差放大"理想状态"与"现实差距"	"别人副业月入2万，你却在刷短视频？"	刺激用户焦虑感
		明确提供解决方案的承诺	"3个步骤告别无效努力"	让用户认为你的产品或服务是唯一/最佳选择
转化式钩子 注意：福利要有效（避免虚假宣传）；转化路径要短（如扫码直接转多页面）	聚焦于缩短用户决策周期	强调限时/限量的稀缺性	"前100名免费""今日23:59截止"	利用"损失厌恶"心理促使用户快速行动
		设计专属福利提升用户归属感	"社群粉丝专享8折"	让特定群体感到被重视
		提供低门槛试用以降低用户决策成本	"1元体验课""免费试用7天"	减少用户对风险的担忧，将转化路径简化到极致（如扫码直领、一键加群），避免因流程复杂导致用户流失

DeepSeek 的回复：

版本一：

"测错 1 厘米毁全家！敢不敢暂停 10 秒测沙发黄金尺寸？①截图当前画面；②测量电视墙到沙发距离；③留言'救救我 + 数字'。前 50 名送《客厅显大避坑指南》+ 免费软装方案咨询！"

版本二：

"花 3 万买的沙发显廉价？因为你漏了这组神秘数字！立即暂停测量：

沙发长度＜背景墙 2/3 ✅

茶几高度＝沙发座高 −5 厘米 ✅

达标留言'攻略'领尺寸对照表，失败者点左下角预约改造。"

......

注 只展示部分回复。

值得注意的是，每个"钩子"都是你与潜在用户建立连接的机会。它们不是冰冷的文字，而是你与用户之间沟通的桥梁，是你们故事的开始。不管是提供电子资料还是咨询答疑，又或者是提供解决方案、测评报告等，每一份内容都是你所创造出的、属于自己的独特"钩子"，目的是与用户建立起持久、积极的连接。而这种连接，正是你开启营销之门的钥匙。

本节小结

　　本节阐述了如何通过"高价值'钩子'"引导用户主动联系创作者。"钩子"类型分为四类——提供电子资料、咨询答疑、解决方案和多种福利；使用场景包括公域平台的视频、图文笔记、评论区、直播间，以及私域的朋友圈、社群、私域直播。"钩子"的内容设计需围绕四种类型展开：悬念式"钩子"、互动式"钩子"、痛点式"钩子"、转化式"钩子"。埋"钩子"的核心是激发用户"想要"的心理，通过真实价值吸引用户主动行动，同时避免直接留下联系方式导致违规。

♥ **本节小练习**：请选择一种"钩子"类型，设计一条适合"美学装饰"行业的引流内容，并使用 DeepSeek 辅助生成。

本节小练习中的提示词 +DeepSeek 回复，请关注微信公众号"焱公子和水青衣"（ID：Yangongzi2020）。

关注后输入：AI 钩子，即可获取。

第二节 强人设故事：不立人设的吸粉术，让用户追着私信你

在这个信息爆炸的时代，消费者变得越来越精明，也越来越抵触那些直接而强硬的销售手段。不过，有一种方法能悄无声息地吸引顾客——通过讲述引人入胜的故事来实现"不销而销"。故事，是人类最古老的沟通工具之一。一个好的故事能够跨越文化和语言的界限，触动人心，激发情感共鸣。

如何将故事与销售结合起来，实现引流、不销而销？

先来拆解一篇故事。原文如下：

2021年5月，我参加了焱公子老师的线下课。他让现场每个人说出"10年后所期待的自己"，我的回答是："每天早晨能够坐在自家的院子里，喝着咖啡翻阅一本自己写的书。"

2022年10月，我正式开启了人生中的里程碑事件——跟着水青衣老师学写书。

第一轮仅仅是200多字的大纲，我就被反复打回，修改了十几次。眼看快到交稿的最后日期了，我的内心焦灼万分。最终我等来的还是"不通过"这三个字。晚上，我只能一个人躲在被子里无声地哭泣……

在反反复复被打回、改稿近 2 个月后，终于通过了二审。当我们都以为"登顶"指日可待时，却被告知大部分稿件要大改，个别的甚至要重写。当时已临近春节，而春节后必须交稿。

这无疑是一场硬仗！

2023 年整个春节，我们都不敢有一丝懈怠，除夕那天下午，这是我给自己唯一放的半天假。大年初五我就在回上海的路上，在手机上改了十几个小时的书稿。

2023 年七夕节，我们用心血"灌溉"出的《冲上顶峰》出现在了京东和当当的首页。冲上顶峰后，我才发现，登顶的意义不在于站在顶峰的时刻，而在于不断的自我崩溃后的咬牙坚持。

新书上市后，不断有读者通过《冲上顶峰》找到我，有的想要跟我学习，有的被我的创业故事所激励想靠近我。原来，出书不仅可以圆我个人的梦想，还能照亮他人。

2024 年，我再一次度过了一次"难忘"的春节。此刻，我清晰地记得，除夕那晚，我一个人在楼上改书稿——是的，我又开始了第二本书的创作。全家人在楼下热热闹闹地看春晚。

我还清晰地记得，大年初六凌晨 4 点多，稍微清醒一点后，我爬起来继续改稿。

……

《绝对签单》7 月 28 日上市，仅一天时间，就拿到了京东新书榜 6 榜第一名！这让我发现了一个成事心法，那就是——

随"心"做事：当一个人的内心有力量时，外在才会有能量，人就会变得笃定。

2025 年 1 月到现在，一璐有媛在全国共举办了 30 多场高质量女性疗愈沙龙，从一开始担心招募不到人，到现在"一票难求"……我们的沙龙从第一场就实现了商业变现。一位水果供应链品牌的主理人不太懂销售，但他的水果品质非常好。我听到他说"我就想让全国人吃到不打催熟剂的健康水果"时，帮他设计了种草环节——一场沙龙卖出 3 张水果年卡，总销售额 8000 多元。

你能为别人创造多大价值，你就有多大价值。

……

如果一定要用一句话来描述我现在正在做的事，我想引用《纳瓦尔宝典》中的一句话："长线游戏是正和游戏，我们在一起做蛋糕，把蛋糕越做越大。"一璐有媛就是在做这样的长线游戏。我想要和一群互相认同的人一起开开心心地做大蛋糕。如果你也想参与进来，我会真诚地张开双臂拥抱你！

拆解这篇个人品牌故事，我们能看到：强人设故事的核心逻辑，其实就是用"困境破局"展现专业价值。以案例中出现的"改稿到凌晨""春节独自改稿"为例，这些细节看似在诉苦，实则在建立专业可信度阈值——读者看到"连过年都在改书稿"时，会自然联想到"她亲自带学员肯定更拼命"。事实也是如此，她帮合伙人卖水果，就不遗余力。这种通过三次以上困境突破（大纲被退、书稿重写、春节改稿）形成的记忆点，比直接说"我专业"有力百倍。

所有能引发追随欲望的个人品牌故事，本质上都在回答三个问题：

你曾陷入怎样的困境？

你靠什么破局成功？

你的胜利对读者意味着什么？

据此，我们就能得到塑造强人设的三个方法。

方法一：呈现真实经历。强人设的核心不是塑造完美形象，而是通过呈现真实成长中的时刻、痛苦的细节，让受众产生"她和我一样"的共情。案例故事里反复出现的改稿崩溃、春节孤独作战、面对亲友羡慕时的复杂情绪，这些细节反而比成功结果更具感染力。

你可以在故事中刻意设计"目标与代价"的对抗场景，通过展现具体困境（比如时间压迫、情感割舍、自我怀疑）与最终成果的因果关系，让专业能力和价值观从说教变成可感知的证据链。

方法二：让反常识的数据替你说话。人脑记不住形容词，但会对数据有深刻的印象。你可以制造数据反差感，找到对比强烈的数据，打破常规认知。比如"95% 的人失败"比"5%的成功率"更有冲击力。你也可以给数据穿故事外套，将数据包裹在具体的场景、感官细节中，让数据更生动、易记。

你可以用个人经历或客户案例，将数据融入情节，让读者在听故事时自然接收数据。比如，在案例故事里，报名沙龙"一票难示"——这种数据比喊一百句"我们很专业"有杀伤力。

方法三：以价值观引力筛选精准用户。强人设的本质是吸引同频者，而非说服所有人。比如，案例中提到的《冲上顶峰》的读者主动链接寻求合作说明"价值主张吸引精准流量"。不销而销的终点，是成为用户心中的"引力场"。

真正的商业，始于停止叫卖的那一刻。当 IP 用故事织就一张价值观的网，用户追逐的便不再是产品，而是一个被专业、真实与信念浸润的灵魂。

有人设，但不要立人设，立人设易塌房。

强人设塑造，其实是真实与真诚的呈现，是用"真实困境"撕开完美滤镜，袒露崩溃与坚持，让用户看见镜像中的自己；用"硬核数据"替代空洞承诺，将专业深烙进每一处细节，吸引同频者穿越人海而来。引流从不是目的，而是人设价值的自然外溢。当你的成长故事成为用户心中的参考答案，当你的处世哲学变成圈层的默契暗号，商业便不再是说服，而是筛选与奔赴。

顶级 IP 从不兜售，他们站在那里，便是答案。

 DeepSeek 帮你赢

以轻食店为例，让 DeepSeek 写一篇餐饮行业女老板强人设的个人品牌故事先整理背景资料，然后上传，以附件形式投喂给 DeepSeek（品牌背景资料 + 创业故事框架 + 塑造强人设的 3 个方法）。请 DeepSeek 阅读学习背景资料内容，写出一篇强人设的个人品牌故事。

提示词参考如下：

你是一个餐饮创业者，需要撰写一篇能传递品牌价值观的个人故事文案，发布在新媒体平台上，目标是通过真实经历引发消费者情感共鸣，实现"不销而销"的转化效果。请你认真阅读学习背景资料（见附件），根据以下要求，写一篇强人设的个人品牌故事。

要求：

1. 务必根据文档内容来撰写，体现强人设的特点；

2. 在讲述人物故事的过程中，丝滑融入商业价值与流量转化点；

3. 有新媒体感，适合公众号受众阅读习惯，2500 字左右，语言流畅，情感真挚。

DeepSeek 的回复：

凌晨四点的灶台，是我对世界的告白

凌晨四点，后厨的排气扇发出低沉的嗡鸣，我蹲在冰柜前清点最后一批到货的牛肋排，指尖被冻得发麻。这是山野食堂开业的第 37 天，也是我连续第 37 天在凌晨

独自验货——创业前，我从没想过，一个 985 毕业的金融硕士，会为了三斤不新鲜的洋葱和供应商吵到喉咙沙哑。

一、困境：从光鲜白领到"菜场囚徒"

2019 年，我还在陆家嘴的玻璃大厦里做并购分析，直到父亲确诊胃癌。陪护时，我看着他咽下医院冷硬的病号饭，突然想起他最爱念叨的话："丫头，吃进肚子的东西，比存折上的数字金贵。"

辞职创业的决定遭到全家反对。"餐饮是勤行，你连炒青菜都能糊锅！"母亲摔了茶杯。但我偏不信，拉着闺蜜合伙开了首家轻食店。

......

 只展示部分回复。

本节小结

本节解析了如何通过"强人设故事"激发用户主动靠近。强人设需从四个维度塑造：引发共鸣需展现与用户相似的困境；能力具象需将专业术语转化为可感知的动作；展现价值观需提炼转发级金句，如"成人达己"；成长起伏需制造"低谷到巅峰"的戏剧张力。三个塑造方法包括：呈现真实经历，通过具体困境与成果的对比建立信任；用反常识数据打破常规认知；以价值观筛选同频用户。故事需回答三个核心问题——曾陷入的困境、破局方法、胜利对读者的意义，最终实现"不销而销"。你可以借助 DeepSeek 梳理真实经历，再撰写出受用户欢迎的强人设故事。

⦿ **本节小练习：** 请结合自身经历撰写一篇强人设故事（比如，以"手工艺创业者"身份为主题），可通过 DeepSeek 辅助生成。

本节小练习中的提示词 +DeepSeek 回复，请关注微信公众号"焱公子和水青衣"（ID：Yangongzi2020）。

关注后输入：AI 故事，即可获取。

第七章 | 变现思维：全平台通吃，低粉丝量也能高变现

◤

DeepSeek 创作红利

第一节 DeepSeek+ 朋友圈，八大吸金模板，实现被动成交

朋友圈不仅是一个促进情感沟通、增进彼此了解的空间，还因其能做一对多信息触达，具有潜在的社交影响力。我们可以透过朋友圈的内容传播，构建品牌认知，扩大影响力，甚至生成销售业绩。可以说，用好朋友圈，就是在用好一个重要的商业变现工具。

一、朋友圈分类

不同类型的朋友圈有不同的价值。我们在指导学员时，会把发圈文案大致分为六大类型（表7-1）。

表7-1　朋友圈的六大分类

序号	类型	文字特点	内容举例
1	日常生活类	烟火气、真实、有温度、有情绪价值	聚会欢乐时光，逛街有趣发现，美食美景推荐，影视综艺安利，早晚温馨问候，运动读书打卡
2	工作专业类	专业、严谨、认真、积极	参加专业培训，复盘学习成果，学习新的技能，提供行业资讯
3	价值观类	犀利、独特、新颖、有原则	结合从书籍和自媒体平台等渠道获取的素材，融入自己的思考，发表自己的独特观点

续表

序号	类型	文字特点	内容举例
4	"晒一晒"类	有态度、有调性、凡尔赛	晒证书奖状，分享客户好评，展示他人对自己的各种表白、感谢和赞赏
5	互动类	轻松、幽默、参与感	进行抽奖，邀请点赞，咨询建议，设置有参与感的互动话题
6	广告类	吸睛、代入感、画面感	以巧妙的方式展示产品，结合故事或场景进行软植入、软种草

二、朋友圈文案创作公式

▶ 公式一：引起共鸣式 = 普遍问题 + 应对策略和感受（表 7-2）。

表 7-2　引起共鸣式的举例和步骤

举例	步骤
工作中不知道如何拒绝他人	①找到一个大家普遍会遇到的问题，并写下来；
自己感到纠结矛盾，那个"NO"字怎么就这么难说出口	②分享自己的应对策略或内心感受，引发深层次的情感交流

● 引起共鸣式的常见用词如下（图 7-1）。

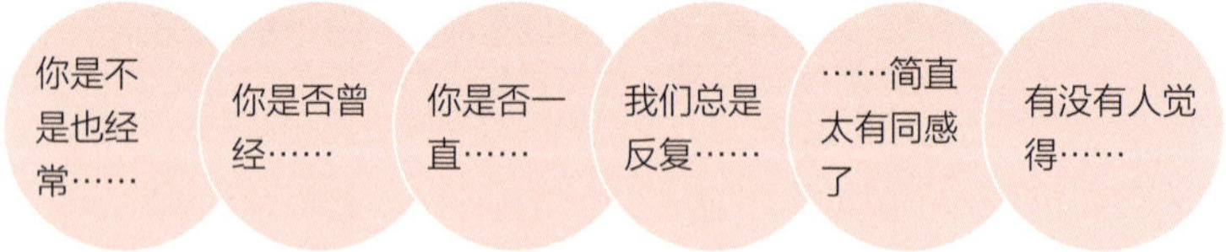

你是不是也经常……　　你是否曾经……　　你是否一直……　　我们总是反复……　　……简直太有同感了　　有没有人觉得……

图 7-1　引起共鸣式的常见用词

　　以"写打工人忙碌的一天"朋友圈文案为例，我们来看看应用公式的前后对比（表7–3）。

表7–3　使用公式前和使用公式后的文案区别

使用公式前的点赞数	使用公式后的点赞数	使用公式后的优势
天选打工人忙碌的一天 /101	你是不是也经常被各种琐事搞得焦头烂额？/169	让朋友圈里的受众产生"我也这样"的感受，抓住他们的注意力，然后再给出方法

　　● 写"打工人忙碌的一天"的朋友圈代入常见词前后的效果（图7–2、图7–3）。

图7–2　使用公式前　　　　图7–3　使用公式后

► 公式二：故事叙述式 = 吸引人的故事开头 + 表达观点（表7-4）。

表7-4 故事叙述式的举例和步骤

举例	步骤
夜幕降临，我独自走在一条偏僻小巷。眼看就要走到尽头，突然听到身后传来一阵奇怪的声音	①先写一段吸引人的故事开头；②再通过这一故事引出自己的观点
正当我紧张得不知所措时，发现原来是只流浪猫。很多时候，我们的恐惧都是自己想象出来的	

● 故事叙述式的常见用词如下（图7-4）。

眼看……就要……	这还要从……说起	正当……准备……	就在……即将……	那是在……的时候	随着……的到来

图7-4 故事叙述式的常见用词

以"写跳伞经历"的朋友圈文案为例，我们来看看应用公式的前后对比（表7-5）。

表7-5 使用公式前和使用公式后的文案区别

使用公式前的点赞数	使用公式后的点赞数	使用公式后的优势
那次跳伞经历真是惊心动魄 /123	这还要从一次惊心动魄的跳伞经历说起 /206	以一个充满吸引力的故事作为开头，引发大家的好奇心，让他们想要知道接下来会发生什么，从而自然地引出想要表达的观点

● 写"跳伞经历"的朋友圈代入常见词前后的效果（图 7-5、图 7-6 ）。

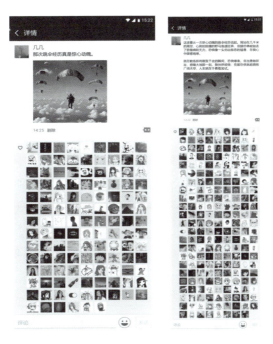

图 7-5　使用公式前　　图 7-6　使用公式后

➤ **公式三：提问互动式＝讨论性的问题＋询问看法**（表 7-6 ）。

表 7-6　提问互动式的举例和步骤

举例	步骤
请健身教练系统培训还是仕家跟练健身视频？	①找到一个讨论性的问题并写下来；
姐妹们，你们平时都怎么健身的啊？	②询问大家对这一问题的看法

● 提问互动式的常见用词如下（图 7-7）。

| 有没有……求支着 | 是……还是……帮做个决定 | 有没有必要……帮拿个主意 | 到底要不要……给个建议吧…… | 有没有可能……求分析 | 究竟能不能……给点意见啊 |

图 7-7　提问互动式的常见用词

以"写养宠物"的朋友圈文案为例，我们来看看应用公式的前后对比（表 7-7）。

表 7-7　使用公式前和使用公式后的文案区别

使用公式前的点赞数	使用公式后的点赞数	使用公式后的优势
最近打算养只宠物，独居青年也需要陪伴 /137	最近在考虑养宠物 /272	直接抛出一个具有讨论性的问题，激发大家的思考和表达欲望，促使他们在评论区留言参与讨论，增加互动性

● "写养宠物"的朋友圈代入常见词前后的效果（图 7-8、图 7-9）。

公式四：干货分享式 = 知识 / 技巧 / 经验主题 + 分享内容（表 7-8）。

表 7-8　干货分享式的举例和步骤

举例	步骤
日常出片小技巧	①找到想要分享的知识 / 技巧 / 经验；
拍照的光线、构图和角度等	②写出具体还要分享的内容

图 7-8　使用公式前　　图 7-9　使用公式后

● 干货分享式的常见用词如下（图 7-10）。

分享……个……小窍门　公布……个……内幕消息　揭示……个……实用技巧　曝光……个……内训经验　奉送……个……独家配方　透露……个……高效方法

图 7-10　干货分享式的常见用词

　　以"写拍照"的朋友圈文案为例，我们来看看应用公式的前后对比（表 7-9）。

表 7-9　使用公式前和使用公式后的文案区别

使用公式前的点赞数	使用公式后的点赞数	使用公式后的优势
最近的照片又被夸了，好开森！/114	最近老被夸照片拍得溜 /223	提供实用的知识、技巧或经验，让朋友们觉得有所收获，从而增加对你的关注和信任

● "写拍照"的朋友圈代入常见词前后的效果（图 7-11、图 7-12）。

图 7-11　使用公式前　　　　图 7-12　使用公式后

公式五：场景营造式 = 生动描绘场景 + 引发情感联想（表 7-10）。

表 7-10　场景营造式举例和步骤

举例	步骤
当年参加过的高考	①引出一个具体的场景；
当时的天气、送行的人、教室的环境	②通过描述细节引发情感联想

● 场景营造式常见用词（图 7-13）：

| 你还记得……吗？那时…… | 当你回想起……时，那会…… | 你是否怀念曾经的……那时…… | 你能否回忆起第一次…… | 试着想一下……你会…… | 跟随我的描述……想象一下…… |

图 7-13　场景营造式常见用词

以"写高考"的朋友圈文案为例，我们来看看应用公式的前后对比（表 7-11）。

表 7-11　使用前和使用后的文案区别

使用公式前的点赞数	使用公式后的点赞数	使用后优势
又想起当年的高考时光了，祝各位学子金榜题名 /131	你还记得多年前的高考吗？/ 252	通过生动描绘一个具体的场景，让朋友们在脑海中形成清晰的画面，引发情感上的联想和共鸣

● 写"往年高考"的朋友圈代入常见词前后的效果（图 7-14、图 7-15）：

图 7-14　使用公式前　　　　　　图 7-15　使用公式后

▲ **公式六：幽默风趣式＝幽默的语言＋个人观点（表7-12）。**

表7-12　幽默风趣式举例和步骤

举例	步骤
减肥就像一场与美食的拔河比赛	①写出一段幽默风趣的话； ②表达出个人的独特观点
我觉得开心最重要，又是被美食打败的一天！	

● 幽默风趣式常见用词（图7-16）：

| 有人……有人……而我…… | ……就像……我觉得 | 这就好比……我就是…… | 有句玩笑话……我认为…… | 别人……而我…… | 都说……我呢…… |

图 7-16　幽默风趣式常见用词

以写"考试感受"的朋友圈文案为例，我们来看看应用公式的前后对比（表 7-13）。

表 7-13　使用前和使用后的文案区别

公式使用前 / 点赞数	公式使用后 / 点赞数	使用后优势
感觉每次考试都像一场冒险，答案全靠蒙 /123	有人考试靠实力、有人考试靠视力 /243	运用诙谐、轻松的语言来表达观点或讲述事情，让朋友们在阅读时感到愉悦和放松，增强内容的吸引力

● 写"考试感受"的朋友圈文案代入常见词前后的效果（图 7-17、图 7-18）：

▶ 公式七：对比强调式 = 两种不同情况对比 + 突出重点（表 7-14）。

表 7-14　对比强调式举例和步骤

举例	步骤
之前化妆没重点，现在学会了有侧重点的有效化妆	①写出两种不同的情况，相互对比；②用一句话突出想表达的重点
现在，简简单单也能妆效自然美翻天	

● 对比强调式常见用词（图 7-19）：

图 7-17 使用公式前

图 7-18 使用公式后

图 7-19 对比强调式常见用词

以写"学化妆"的朋友圈文案为例，我们来看看应用公式的前后对比（表 7-15）。

表 7-15　使用前和使用后的文案区别

使用公式前 / 点赞数	使用公式后 / 点赞数	使用后优势
终于可以 5 分钟化个妆出门啦 /115	过去我出门打扮，粉底、眼影、口红齐上阵 /228	通过对比两种不同的事物、情况或观点，突出想要强调的重点，使观点更清晰、更有说服力

● 写"学化妆"的朋友圈代入常见词前后的效果（图 7-20、图 7-21）：

图 7-20　使用公式前

图 7-21　使用公式后

▶ 公式八：引述名言式 = 引用经典语录 + 表达观点（表 7-16）。

表 7-16　引述名言式举例和步骤

举例	步骤
人生如逆旅，在迷雾中穿行，但是抬头往上看，可以看到满天星斗 ———————— 迷茫了，就多看看夜空，哈哈	①写出引用的金句、台词等； ②引出自己想要表达的观点

● 引述名言式常见用词（图 7-22）：

作家……，曾说……	演员……有个金句……	电影……有段经典台词……	一书中写道……	有句话是这么说的……	……上有个高赞评论

图 7-22　引述名言式常见用词

以写"抒发心情"的朋友圈文案为例，我们来看看应用公式的前后对比（表 7-17）。

表 7-17　使用前和使用后的文案区别

使用公式前 / 点赞数	使用公式后 / 点赞数	使用后优势
迷茫时抬头看看天，感到莫名地放松和安静 /122	人生如逆旅，在迷雾中穿行 /243	引用名人名言、金句或影视剧经典台词，来表达自己的观点或情感状态

● 写"抒发心情"的朋友圈代入常见词前后的效果（图 7-23、图 7-24）：

图 7-23　使用公式前　　　图 7-24　使用公式后

 DeepSeek 帮你赢

以花艺行业为例，借助 DeepSeek 来创作朋友圈内容。假设 DeepSeek 扮演的角色为一家文艺花店的店主，现在，我们一次性投喂八种朋友圈创作模板，让其阅读学习后，自行选择、整合、创作出一条朋友圈文案。

提示词参考如下：

你是一位文艺花店的店主，有自己的新媒体账号，主要以分享鲜花的养殖方法、如何挑选鲜花、节日送花指南为主。现在请阅读并学习背景资料，内含鲜花养护知识＋八种朋友圈模板内容＋常见用词和案例（见附件），从"给长辈送花"的话题出发，选用其中一个创作模板，写一条朋友圈文案。创作要求如下：

1. 在文案中自然使用所选的朋友圈创作模板的常见用词，确保结构清晰；

2. 要有具体的场景，有强烈的代入感，引发目标人群的共鸣；

3. 文案控制在 300 字以内，以短句的形式分段呈现；

4. 与"给长辈送花"这一主题紧密相关，保证内容的连贯性与专业性。

DeepSeek 的回复：

（选用"场景营造式"创作模板）

给长辈送花，是藏在时光褶皱里的温柔告白

你还记得小时候踮脚闻外婆窗台那盆茉莉的清香吗？

那时风铃叮当，她总把沾着晨露的白花瓣轻轻别在你衣襟上。

当父亲节花束摆在老书桌前，

皱纹里漾开的笑意比芍药更浓烈；

当康乃馨遇见母亲颤抖着抚摸花瓣的手，

你忽然读懂花语里说不出口的"我懂您的付出"。

给长辈的鲜花不必华丽，

一束向阳的黄金向日葵，

几枝低花粉的淡色洋桔梗，

配上能水养半个月的蓬莱松，

就像他们细水长流的爱，

安静却永远蓬勃……

注 只展示部分回复。

三、朋友圈内容规划

 时间规划。

●工作日：周一至周五。我们可以先划分出典型的时间段，如早上起床到上班前、午休吃饭休息、下班到整理洗漱、躺在床上玩手机这四个时间段，然后针对性地发布相关朋友圈内容（表7-18）。

表7-18　朋友圈不同时段的内容建议

时间	用户状态	内容建议
07:00—09:00 起床到上班前的时间	心情可能还处于从睡梦中逐渐清醒的阶段	①适合发布日常生活类的朋友圈，如清晨问候、分享早餐、晨跑风景或者小感悟等 ②也适合工作专业类朋友圈，如学习新的技能，提升工作效率等
12:00—13:30 午休吃饭休息的时间	通常希望这个时间段能够放松一下	①适合发布互动类朋友圈，提出一个有趣的问题，引发好友的讨论和回复 ②也适合日常生活类朋友圈，如分享丰盛的午餐、办公室的有趣摆件等

续表

时间	用户状态	内容建议
18:00—20:00 下班到整理洗漱的时间	通常是比较疲惫的状态，同时期待晚上的休息放松	①适合发布工作专业类朋友圈，可以分享一天工作中的收获，或者遇到的困难和解决方案 ②也适合广告类朋友圈，注意文案的巧妙设计，不能过于生硬和直接
21:00—23:00 躺在床上玩手机的时间	此时大家的心情相对比较放松	①适合发布价值观类朋友圈，表达对生活、爱情、友情等方面的看法和感悟 ②也适合"晒一晒"类朋友圈，展示一下别人对自己的赞许或感谢

● 周末（周六、周日）。周六、周日的时间相对比较宽松和自由，朋友圈的内容可以更加多样化和轻松，日常生活类朋友圈、互动类朋友圈、价值观类朋友圈等，都可以搭配着发布。

► **搭配规划。**

我们可以从 IP、产品 / 服务、生活和价值观四个维度做朋友圈搭配规划（表 7-19）。

表 7-19 朋友圈的四个搭配维度

维度	内容	建议
IP	IP 强人设相关	价值观类 + 广告类 + 日常生活类
产品 / 服务	销售产品或服务	不要单纯发广告，以故事等软植入的方式宣传产品
生活	体现自己的生活状态	通过日常生活的呈现，塑造更加立体、饱满的人设
价值观	表明个人的态度、立场	传递自己做人、做事的价值主张

四、变现规划

朋友圈变现的本质是通过系统化的内容设计，将用户对生活方式的向往转化为对产品或服务的信任与需求，用专业内容建立信任、用场景需求激发购买、用互动设计促成行动，实现从流量到留量的价值转化，获得实际收益。

朋友圈作为私域流量的重要场景，变现方式多样，关键在于如何结合自身资源、用户属性和内容定位。以下是常见的变现模式及案例（表 7-20）。

表 7-20　朋友圈变现模式及案例

序号	模式	操作	案例
1	广告推广变现：软性植入（与KOL合作）	个人账号以"用户体验官"的形式发圈，推荐 KOL 的产品，销售转化获得佣金	比如，我们的一位学员是三宝妈妈，她常常喜欢在朋友圈分享孩子的生活，后来跟某 KOL 达成合作，在朋友圈发布湿纸巾的照片＋小程序购买链接，圈内好友通过专属折扣下单后，她就获得了佣金
2	自营产品销售（目前最常见的变现方式）	直接售卖自有商品（如代购、农产品、手工品），朋友圈展示商品＋用户反馈	比如，我们一位学员是自己在山上种植橙子的农户，他常在朋友圈发布现摘水果视频，通过私聊或朋友圈评论区下单，次日打包寄出
3	代理分销模式	招募代理，朋友圈统一发布素材，代理可赚佣金	比如，我们有一位学员是做美妆产品团购的，她的代理每天会转发 3 条朋友圈素材，用户通过扫描代理发布的专属二维码下单，代理就能获得分成

续表

序号	模式	操作	案例
4	课程 / 咨询服务	朋友圈分享专业知识片段，引导用户购买完整课程或付费咨询	比如，某健身教练在朋友圈发布"10 分钟瘦腰视频"，末尾附 99 元线上训练营报名链接
5	电子资料 / 模板销售	制作行业报告、PPT 模板等，朋友圈展示部分内容，付费获取完整版	比如，某设计师在朋友圈发布"节日营销海报模板包"预览图，用户支付 29.9 元后通过网盘领取
6	线下引流到线上	线下门店引导顾客添加微信好友，朋友圈推送会员日、秒杀活动	比如，某奶茶店收银台放置"加好友享第二杯半价"二维码，用户添加后，朋友圈定期推送新品试喝活动
7	电商平台用户沉淀	将淘宝、抖音粉丝导入微信，朋友圈推送"独家福利"	比如，某服装店主在淘宝订单中附赠"加微信返现 5 元"卡片，朋友圈发布限时清仓款，引导私域成交
8	付费社群引流	朋友圈宣传社群价值（如行业资源、干货分享），用户付费入群	我们的一位学员是职场博主，他在朋友圈发布"500 强 HR 内部面试技巧"截图，引导用户支付 199 元加入年度社群
9	线下活动售票	朋友圈发布活动海报（如沙龙、培训），扫码购票	亲子机构在朋友圈推送"周末儿童科学实验课"，家长直接支付报名
10	IP 人设变现	通过朋友圈塑造专家形象，吸引合作邀约	摄影师每天发布客片 + 拍摄花絮，潜在客户私信询价，单场婚礼跟拍收费 8000 元
11	跨界合作分成	与品牌或 KOL 联名推广，按销售额分成	穿搭博主朋友圈推广某服装品牌联名款，用户通过专属链接购买，博主获 15% 佣金

由上述可见，朋友圈变现方式很多，但因为文案都涉及销售、赚钱，所以在发布的时候，有几个注意事项：

● 注重朋友圈内容质量，不能一味滥发，我们建议大家发营销软文，直接卖产品的硬广需节制。在内容规划上，应该将商业变现穿插生活化内容，以降低用户抵触情绪。

● 用好辅助工具，比如小程序商城、微信客服、视频号直播等，几套组合拳一起打，增强转化。

● 要有规避风险意识。有些人喜欢一天就发几十条刷屏广告，这种方式非常不可取。要避免频繁刷屏、虚假宣传，防止账号被限流。

要想在朋友圈高效连接用户，探知用户需求，达到商业变现，核心在于持续提供信任感＋稀缺性（如独家优惠、专业内容），最终实现变现闭环。

五、朋友圈营销软文

▶ 方法一：场景化需求法。

通过将产品价值与用户具体生活场景结合，激发需求并引导行动。其中包括三大要素：专业背书、场景化痛点、互动指令，以月变现 17 万元的某家庭教育团队为例进行展示（表 7–21）。

表 7-21　场景需求法要素和举例

方法一：场景化需求法			
要素 1：专业背书	要素 2：场景化痛点	要素 3：互动指令	举例
通过行业认证、用户案例、权威数据等建立可信度	描述具体生活场景，如通勤、育儿、职场中遇到的问题	设置明确的引导性提问或行动指令	××大学团队研发（背书）！孩子写作业分心？3 个方法解决（痛点）。点击即可领取专注力训练手册（指令）

▶ 方法二：社交裂变法。

通过提供可分享的实用内容，结合达到的效果与限时优惠，实现快速传播。其中包括三大要素：实用干货、效果展示、限时福利，以月变现 6000 元的英语达人为例进行展示（表 7-22）。

表 7-22　社交裂变法要素和举例

方法二：社交裂变法			
要素 1：实用干货	要素 2：效果展示	要素 3：限时福利	举例
免费提供行业报告、模板等可传播的实用内容	描述拥有后达到的效果，带来的实际价值	制造紧迫感	免费领旅游英语 100 句（干货）。每天 15 分钟 7 天开口说（效果）！今日报名立减 200 元（福利）

▶ 方法三：痛点爆破法。

用数据量化用户困境，结合客户见证与稀缺机制，快速促成决策。其中包括三大要素：数据化痛点、客户见证、稀缺机制，以月变现 11 万元的 AI 智能鼠标科技团队为例进行展示（表 7-23）。

表7-23　痛点爆破法要素和举例

方法三：痛点爆破法			
要素1： 数据化痛点	要素2： 客户见证	要素3： 稀缺机制	举例
用百分比量化问题，比如，70%职场人普遍存在熬夜加班现象	展示真实用户评价或成功案例	置限量名额、专属优惠等	会议效率提升40%的秘密（痛点）！已服务300+上市公司（见证），国庆节专属优惠，前10名签约赠全年智能系统使用权（稀缺）

✖ 方法四：价值养成法。

通过持续输出专业内容，结合情感共鸣与身份标签，培养用户的长期忠诚度。其中包括三大要素：持续价值、情感故事、身份标签，以月变现了2万元的知识付费老师为例进行展示（表7-24）。

表7-24　价值养成法要素和举例

方法四：价值养成法			
要素1： 持续价值	要素2： 情感故事	要素3： 身份标签	举例
定期分享行业知识，比如，职场技巧、育儿经验等	用自己的真实经历，引发目标人群的共鸣	建立目标群体的集体归属感	每天1个职场干货（价值）！我是如何3年升职5次的（故事）？加入会员，与10万精英共同成长（标签）

✖ 方法五：用户证言法。

通过普通用户的真实体验，结合场景化展示与行动指令，实现品效合一。其中包括三大要素：用户案例、使用场景、立即行动，以月变现了 5000 元的智能手表私域销售为例进行展示（表 7-25）。

表 7-25　用户证言法要素和举例

方法五：用户证言法			
要素 1：用户案例	要素 2：使用场景	要素 3：立即行动	举例
展示普通用户的真实使用体验，比如宝妈用后评价	用图文、视频等呈现产品使用过程	让用户明确下一步的具体指令	程序员实测：续航 15 天不充电（案例），从运动监测到消息提醒（场景），现在下单送表带（行动)!

 DeepSeek 帮你赢

　　有了上述五种朋友圈营销软文的方法，我们就可以请 DeepSeek 来帮忙创作。以珠宝行业为例，假设让 DeepSeek 扮演一个珠宝品牌主理人的角色。现在，我们给 DeepSeek 投喂朋友圈营销软文的五个创作方法，让其选择、整合、创作出一条朋友圈文案。

提示词参考如下：

　　你是一位珠宝品牌主理人，有自己的新媒体账号，擅长珠宝饰品的鉴别和搭配，喜欢进行好物推荐、很乐于给粉丝答疑解惑。请先阅读并学习附件文档中的背景资料（见附件），然后选择一种营销软文方法，写一条朋友圈文案。创作要求：

1. 整体文案风格偏文艺，突出都市女性的小资情调；

2. 吸引目标群体的注意力，并有购买的欲望；

3. 适当使用网络热词和表情符号；

4. 文案控制在 300 字以内，带给人一定的情绪价值。

DeepSeek 的回复：

（选用"场景化需求法"创作模板）

"晨光漫过锁骨时，每一粒珍珠都在替你说早安" ❧

7:30AM 衣帽间镜前

你正为会议套装搭配第三条丝巾

指尖掠过首饰盒里冷掉的金属链条

——那些工业感的棱角

总在掐灭你想要的温柔力量感

◇ 专业背书 | 意大利珠核认证

南洋金珠晕开的香槟色光泽

是海水孕养三年的肌理记忆

 只展示部分回复。

本节小结

本节系统讲解朋友圈内容的分类、创作公式及运营策略。

朋友圈内容分为六类：日常生活类、工作专业类、价值观类、晒一晒类、互动类、广告类。创作文案时可应用 DeepSeek+ 八大公式：引起共鸣式结合普遍问题与应对策略、故事叙述式通过吸引人的故事引出观点、提问互动式抛出讨论性问题并询问看法、干货分享式分享知识技巧与经验、场景营造式描绘具体场景引发情感联想、幽默风趣式用幽默的语言表达个人观点、对比强调式通过对比不同情况突出重点、引述名言式引用经典语录传递观点。朋友圈需根据时间规划匹配不同时段内容，结合网际协议、产品、生活、价值观四维度设计内容，并通过五种营销软文的方法，以广告推广、自营产品、课程服务等变现模式实现私域转化。其核心是通过信任感与稀缺性设计营销软文，最终达成商业闭环。

❤ **本节小练习**：请选择一种朋友圈创作公式，设计一条"亲子教育机构"的干货分享式文案，并使用 DeepSeek 辅助生成。

本节小练习中的提示词 +DeepSeek 回复，请关注微信公众号"焱公子和水青衣"（ID：Yangongzi2020）。

关注后输入：AI 朋友圈，即可获取。

第二节 DeepSeek+短视频（抖音/视频号），打造IP百万影响力

本节探讨的短视频，特指时长限制在5分钟之内，发布平台为抖音、视频号。

一、两个平台的不同特点

我们主要从用户群体、内容调性和传播机制三个维度比较这两个平台的不同特点（表7-26）。

表7-26 抖音、视频号的不同特点

抖音/视频号对比		
维度	抖音	视频号
用户群体	以90后、00后年轻群体为主，追求潮流、新鲜事物，社交互动性强	年龄分布广泛，中老年用户占比较高，注重内容质量、深度和情感共鸣
内容调性	潮流、娱乐、创意，强调视觉冲击和即时娱乐效果	多元且注重品质内涵，追求贴近生活、真实自然的表达
传播机制	去中心化算法推荐，数据指标决定曝光	社交推荐与算法推荐结合，社交关系对传播影响大

二、两个平台的变现方式

抖音作为全球领先的短视频和直播平台，变现方式多元化且高度依赖流量和用户互动（表 7-27）。

视频号属于微信生态的一部分，更侧重于私域流量和社交属性。视频号的变现方式包括广告、电商、直播、内容付费等。但要根据微信的特点，比如朋友圈、微信支付等来考虑。比如视频号可以直接挂载微信小商店，这点和抖音的小店不同，它更方便进行私域销售（表 7-28）。

不管是哪个平台，新媒体内容变现的核心逻辑是"流量—信任—转化"，无论是广告、电商还是直播，都需要通过优质内容吸引粉丝，建立信任、做转化。

所以，写好一篇短视频文案，至关重要。

三、短视频文案 10 个创作公式

▶ **公式一：问题解决式 = 普遍问题 + 解决方案。**

- 比如：

总是不断反弹减肥失败，怎么办（普遍问题）？

试试这 3 个简单动作，轻松瘦 10 斤（解决方案）！

- 常见用词（图 7-25）：

表 7-27　抖音的变现方式

广告变现	选品返佣	直播带货	直播打赏	知识付费	引流变现	签约 MCN 机构
品牌植入：品牌出钱让你在视频里自然展示产品（比如口播、场景用）	开通橱窗功能，在商城选品，卖出产品后获得佣金	直播间挂商品链接：边直播边卖货，用户下单你抽成	直播时用户送虚拟礼物（如"跑车""火箭"），平台抽成后你拿剩下的	付费课程/付费资料：在抖音专栏卖课（如教化妆、教化妆）	加微信/公众号：引号粉丝私信加好友，后续通过朋友圈广告卖货赚钱	加入 MCN 机构，平台帮你接广告、分佣
贴片广告：视频中间或开头插一段品牌广告（用户可跳过，但你能收钱）		连麦带货：邀请品牌方连麦，现场推销产品		群会员：拉人进群，收年费享受独家福利（如直播回放、资料包）		

表 7-28　视频号的变现方式

广告变现	电商变现	直播变现	内容付费	引流变现
视频软植入：在视频里自然展示产品（比如美妆测评）	自建商品橱窗：免费开通微信小商店，在视频号主页或视频中挂商品链接，用户直接下单（适合卖自有产品或代理货）	直播时用户送虚拟礼物，平台抽成后可拿剩下的	社群会员制，引导粉丝进群，收年费享受独家福利（如直播回放、行业资料包）	在视频里引导用户加微信好友，后续通过朋友圈广告、卖货或社群营销变现
硬广推广：品牌花钱让你拍广告视频或发贴片广告（按曝光量收费）	直播带货：从选品中心选品，边直播边卖货，下单后抽取佣金	付费直播，设置付费入口，用户付费进入	视频挂售付费课程／资料	绑定微信小程序，用户下单后赚差价
开通视频号广告功能后，用户点击视频内的广告（如评论区广告），你就能分到钱（需满足一定活跃度）				

注：平台经常会对门槛做出动态调整，以上方式仅供参考，具体还要以各平台最新标准为准。

总是…… 试试……	经常陷入……， 需要……	一直困扰于……， 运用……	如果你也……不 妨……	频频遭遇……， 考虑……	常常为…… 烦恼，尝试……

图 7-25　问题解决式常见用词

● 常见用词举例：

频频遭遇品德不好的人，是时候考虑提升自己的识人能力啦！多观察对方的言行是否一致，了解他对待朋友和家人的态度，以及在面对困难时的处理方式。

 DeepSeek 帮你赢

以职场领域为例，假设我们给 DeepSeek 设定的身份为汽车行业高管。现在，我们将"问题解决式"的内容＋常见用词放入文档，以附件形式上传，让 DeepSeek 写出一篇 3 分钟的短视频文案。

提示词参考如下：

你是一位汽车行业的高管，有自己的新媒体账号，擅长解决职场问题，以分享职场知识、为职场新人提供实用发展建议为主。现在请阅读并学习附件文档中的背景资料（见附件），然后从职场"搭子文化"话题出发，采用问题解决式结构，创作一篇抖音短视频文案。创作要求：

1. 在文案中自然地运用问题解决式结构的常见用词，

确保结构清晰；

2. 要有具体的场景，内容符合抖音平台的用户偏好，有强烈代入感；

3. 时长在3分钟内，开头迅速吸引人的眼球，结尾引导用户积极互动；

4. 与职场"搭子文化"这一主题紧密相关，保证内容的连贯性与专业性。

DeepSeek 的回复：

【开场】

（背景音乐渐强，都市白领快步走入写字楼画面）

"为什么别人上班像团建，你上班像荒野求生？"（大字幕定格）

【近景自拍＋焦虑表情】

"每天午休打开便当盒，发现全公司只剩你一个人对着电脑啃冷饭？（画面切到微波炉前挤满人的热闹场景）明明想下楼买杯咖啡提神，结果在电梯口犹豫了十分钟还是默默打开了外卖软件？"

注 只展示部分回复。

公式二：情感呼吁式＝情感共鸣＋行动呼吁。

- 比如：

感叹时光无情，亲情渐行疏远（情感共鸣）。

现在就常回家看看吧，多陪伴家人，让爱不再缺席（行动呼吁）！

● 常见用词（图 7-26）：

| 曾经都……，一起…… | 我们总……，是时候…… | 谁还没有……，马上…… | 感叹……，现在就…… | 每当想起……，开始…… | 面对……，赶紧…… |

图 7-26　情感呼吁式常见用词

● 常见用词举例：

谁还没有被失败按在地上狠狠摩擦过，我整个人瞬间都 emo（网络词，即抑郁）了。每当这个时候，我就一一回顾自己的高光时刻，马上调整状态一键重启。还别说，真的管用！

 DeepSeek 帮你赢

以电影领域为例，假设我们给 DeepSeek 设定的身份为影视解说员。现在，我们将"情感呼吁式"内容＋常见用词放入文档，以附件形式上传，让 DeepSeek 写出一篇 3 分钟的短视频文案。

提示词参考如下：

你是一位资深的影视解说员，有自己的新媒体账号，擅长用共情的方式点评电影，以推荐高分电影、避坑指南和分享影评为主。现在，请先阅读并学习附件文档中的背景资料（见附件），然后采用情感呼吁式结构，创作一篇视频号的文案。创作要求：

1. 在文案中自然地运用情感共鸣式结构的常见用词，确保结构清晰；

2. 从新颖的亲子教育角度切入，引发目标群体强烈共鸣；

3. 时长在 3 分钟内，适当引用片中的经典台词；

4. 内容符合视频号用户的喜好，能引起广泛传播。

DeepSeek 的回复：

（阴云密布的海面，哪吒单膝跪地嘶吼的画面）

"他用三头六臂对抗天劫，可天下父母要对抗的，是孩子眼底那团熄灭的光。"（黑底红字：9.8 分国漫神作藏着多少教育真相？）

【电影片段混剪 + 渐弱鼓点】

（李靖握紧哪吒被灼伤的手 / 敖丙在龙宫望向被封印的父亲 / 哪吒在结界边缘冲母亲大吼）

"我们总在要求孩子做'灵珠'，却忘了在每个'魔童'心里，都住着个等一句'别怕'的孩童。"

注 只展示部分回复。

◤ **公式三：故事悬念式 = 故事开头 + 悬念设置。**

● 比如：

小美收到了一封来自陌生人的信，信中的内容让她脸色大变（故事开头）。

这封信，究竟写了什么呢（悬念设置）？

● 常见用词（图 7-27）：

遇到了……你想知道吗？	这个……他会怎么选？	在……时，到底是什么？	……收到，究竟……	陌生人……真相是什么？	发现……有什么秘密？

图 7-27 故事悬念式常见用词

● 常见用词举例：

在遥远的异国他乡，那充满异域风情的街头，我遇到了一个神秘的陌生人。他仿佛来自另一个世界。他的眼神深邃而又神秘，仅仅一眼，便让我心生好奇。当他缓缓开口，说出那句话时，我的世界仿佛被按下了暂停键，那句话也彻底改变了我的一生，你想知道那句话是什么吗？

 DeepSeek 帮你赢

以互联网文学领域为例，假设我们给 DeepSeek 设定的身份为网络写手。现在，我们将"故事悬念式"内容 + 常见用词放入文档，以附件形式上传，让 DeepSeek 写出一篇 3 分钟的短视频文案。

提示词参考如下：

你是一位专业的网络写手，有自己的新媒体账号，擅长通过有悬念的故事表达个人观点，以分享与社会热点有关的情感类故事为主。现在，请先阅读并学习附件文档中的背景资料（见附件），然后采用故事悬念式结构，创作一篇抖音短视频文案。创作要求：

1. 在文案中自然地运用故事悬疑式结构的常见用词，确保结构清晰；

2. 以故事形式呈现，情节丰富，内容符合抖音平台的用户喜好；

3. 时长在 3 分钟内，要设置悬念，吊起观众的胃口；

4. 与揭露"虚假卖惨"这一主题紧密相关，保证内容的连贯性与专业性。

DeepSeek 的回复：

"刷到癌症晚期单亲妈妈的第三个月，我在肿瘤科撞见她健步如飞。"

【闪回关键线索】

"化疗掉光的头发黏着双面胶，当三百万网友还在心疼她'最后的心愿'……"[1]

 只展示部分回复。

---

[1] 本故事只用于展示揭露"虚假卖惨"故事的呈现，无任何不良引导。
　　——编者注

↖ **公式四：亮点吸引式 = 亮点展示 + 价值传递。**

● 比如：

这双鞋减震效果那叫一个绝，就像踩在云朵上，轻得能飞起来（亮点展示）。

拥有了这双运动鞋，瞬间变身酷帅的运动潮人（价值传递）!

● 常见用词（图 7-28）：

……就像……，拥有……变身	……绝绝子，学会……秒变……	……简直……，真的可以	……好赞，妥妥拿捏	不仅……而且……，轻松……	……既……又……，为……加持

图 7-28　亮点吸引式常见用词

● 常见用词举例：

这款口红真是绝绝子，显色度超高，持久不沾杯，让你美一整天。学会了这支口红的搭配技巧，秒变大漂亮！

 DeepSeek 帮你赢

以国风女装行业为例，假设我们给 DeepSeek 设定的身份为国风女装店铺老板。现在，我们将"亮点吸引式"内容 + 常见用词放入文档，以附件形式上传，让 DeepSeek 写出一篇 3 分钟的短视频文案。

提示词参考如下：

你是一位备受欢迎的国风女装店铺老板，擅长搭配多种风格的穿搭，喜欢通过新媒体平台推荐好物、给他人推荐。现在，请先阅读并学习附件文档中的背景资料（见附件），然后采用亮点吸引式结构，创作一篇视频号的文案。创作要求：

1. 在文案中自然地运用亮点吸引式结构的常见用词，确保结构清晰；

2. 带有强烈的感情色彩，以夸张的语气展示推荐的穿搭风格；

3. 时长在 3 分钟内，加入 6 个时尚博主的穿搭案例；

4. 结尾进行互动，引导粉丝留言最喜欢哪位博主的穿搭。

DeepSeek 的回复：

【开场】

（镜头从天花板俯冲至衣架，定格在廓形西装暴击画面）

"姐妹们！能把温柔碎花训成战袍的巴恩风来了！穿上就像把整个男友力穿在身上~（特效：衣服轮廓闪金光）"

【案例：墨绿战壕风衣 + 碎花裙】

（博主 @路止野跨步甩风衣下摆，内搭碎花裙随风扬起）

"谁说娘 man 平衡要配皮靴？@路止野这套绝绝子！

军装风腰带勒出'蚂蚁腰'，碎花裙摆一飘——温柔刀，刀刀'斩男又斩女'！"

注 只展示部分回复。

▶ **公式五：幽默自嘲式 = 幽默调侃 + 轻松氛围。**

● 比如：

别人学习新技能那叫一个快，我呢学起来就像蜗牛爬树（幽默调侃）。

感觉自己被"封印"了，怎么就这么不开窍呢，妥妥的学渣本渣（轻松氛围）。

● 常见用词（图 7-29）：

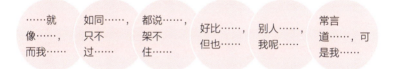

图 7-29　幽默自嘲式常见用词

● 常见用词举例：

校园生活就像个大舞台，而我总是那个跑错片场的喜剧人。快来看看我的欢乐日常吧！

　DeepSeek 帮你赢

以脱口秀领域为例，假设我们给 DeepSeek 设定的身份为脱口秀公司的编导。现在，我们将"幽默自嘲式"内容 + 常见用词放入文档，以附件形式上传，让 DeepSeek 写出一

篇 3 分钟的短视频文案。

提示词参考如下：

你是一位脱口秀公司的资深编导，擅长撰写幽默风趣的脚本文案，喜欢在新媒体平台创作分享，与观众进行互动交流。现在，请先阅读并学习附件文档中的背景资料（见附件），然后采用幽默自嘲式的结构，创作一篇抖音平台的短视频文案。创作要求：

1. 在文案中自然地运用幽默自嘲式结构的常见用词，确保结构清晰；

2. 以第一视角呈现，通过自嘲的方式引出主题；

3. 切中核心用户的痛点，引发强烈共鸣；

4. 时长在 3 分钟内，要在恰当的节点进行抖包袱①。

DeepSeek 的回复：

【开场】

（镜头怼脸，背景音效：旅行社电话占线声）

"刚过去的五一，我参加了国家文旅局发起的'人类迁徙 2.0 版'测试。

（切镜头：手机屏幕挤满各地文旅宣传视频）

别人刷短视频种草旅游地像在选妃，我吧，像在见

---

① 抖包袱：相声术语，指把之前设置的悬念揭出来。——编者注

证全网文旅局长集体出道——

（突然变新闻腔）

'下面进场的是吊威亚差点撞树的 ×× 省方阵！骑马摔进水沟的 ×× 省代表队！以及用 PPT 造银河的 ×× 省文旅！'"

注 只展示部分回复。

公式六：关联分析式 = 相关性 + 利弊分析。

● 比如：

你不理财财不理你（相关性）。

积极理财，财富就能为你所用，实现资产增值，为生活增添更多保障和可能。若你对理财不闻不问，财富自然也会远离你，你可能在经济上陷入被动（利弊分析）！

● 常见用词（图 7-30）：

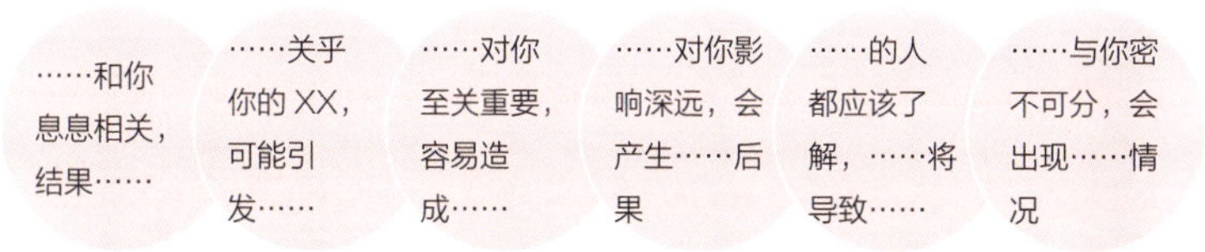

| ……和你息息相关，结果…… | ……关乎你的 ××，可能引发…… | ……对你至关重要，容易造成…… | ……对你影响深远，会产生……后果 | ……的人都应该了解，……将导致…… | ……与你密不可分，会出现……情况 |

图 7-30　关联分析式常见用词

● 常见用词举例：

孩子的未来也和你息息相关，你来，我们培养你的孩子；你不来，结果是我们培养了你孩子的竞争对手。

DeepSeek 帮你赢

以法律行业为例，假设我们给 DeepSeek 设定的身份为律师。现在，我们将"关联分析式"内容 + 常见用词放入文档，以附件形式上传，让 DeepSeek 写出一篇 3 分钟的短视频文案。

提示词参考如下：

你是一位经验丰富的律师，有自己的新媒体账号，逻辑能力强，擅长分析利弊，以分享民法领域的科普知识、粉丝答疑和案例讲解为主。现在，请先阅读并学习附件文档中的背景资料（见附件），然后采用关联分析式的结构，创作一篇抖音平台的短视频文案。创作要求：

1. 在文案中自然地运用关联分析式结构的常见用词，确保结构清晰；

2. 以"粉丝答疑"的形式呈现，通过具体的案例引发观众的关注；

3. 在文案中设计一个适合法律博主的专属口号，增加博主辨识度；

4. 时长在 3 分钟内，结尾采用反问的句式，引导观众互动。

DeepSeek 的回复：

【封面大字】

"AI 帮你换脸？也可能把你换到被告席！"（特效：人脸像素化转手铐）

【开场】（法律书籍翻动，镜头定格《中华人民共和国民法典》第××××条）

"粉丝紧急提问：用 AI 把朋友的脸 P 进《甄嬛传》违法吗？（压低声音）这事儿比你想象的更严重！我是劝删达人大陈，专治科技狠活——记住我的口号：'法网恢恢，AI 不漏'。"

注 只展示部分回复。

🢅 **公式七：金句引导式 = 名言金句 + 方法引导。**

● 比如：

某知名作家曾说："真正的独立是可以照顾好自己。"然而很多人在经济上依赖他人，陷入困境（名言金句）。

试试这 4 步，助你实现真正的经济独立（方法引导）。

● 常见用词（图 7-31）：

经典台词……，学会……	作家……曾说，试试……	……书中有段话，掌握……	有个金句……，可以……	热搜上有句话……尝试……	有个高赞评论……，把握……

图 7-31　金句引导式常见用词

● 常见用词举例：

电影《喜剧之王》里那句经典台词"我养你啊"感动了无数人，但现实往往事与愿违。婚姻中有很多无奈，学会这 3 招，预防亲密关系中的 PUA（网络用语，指精神控制）！

 DeepSeek 帮你赢

以旅行领域为例，假设我们给 DeepSeek 设定的身份为旅行达人。现在，我们将"金句引导式"内容＋常见用词放入文档，以附件形式上传，让 DeepSeek 写出一篇 3 分钟的短视频文案。

提示词参考如下：

你是一位旅行达人，擅长通过 vlog 镜头展现诗意的旅行生活，以分享一些小众高级的旅游打卡地为主。现在，请先阅读并学习附件文档中的背景资料（见附件），然后采用金句引导式的结构，创作一篇视频号的文案。创作要求：

1. 在文案中自然地运用金句引导式结构的常见用词，确保结构清晰；

2. 以真实、亲切的第一人称视角，表达"观世界，才有世界观"的主张；

3. 引用作家关于旅行的名言，或电影中关于旅行的经典台词；

4. 时长在 3 分钟内，符合视频号用户的喜好。

DeepSeek 的回复：

【封面】

"在万神殿穹顶下，听见赫本的笑声"（电影原声《罗马假日》主题曲淡入）

【开场】

（镜头从旋转的意大利式冰激凌缓缓上移至万神殿穹顶）

"《罗马假日》里安妮公主说：'要么读书，要么旅行，身体和灵魂总有一个要在路上。'（电影原声混响）可今天我贪心地全都要——来罗马寻找刻在石柱上的电影胶片。"（指尖划过墙壁光影）

注 只展示部分回复。

公式八：标签发问式＝身份标签＋发出疑问。

- 比如：

都说，过了 35 岁会面临职场的中年危机（身份标签）。

这一群体背后的真实状况究竟如何（发出疑问）？

- 常见用词（图 7-32）：

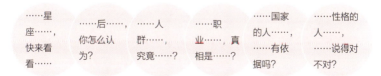

图 7-32 标签发问式常见用词

● 常见用词举例：

狮子座女生不为人知的 3 个性格特征，据说非常准，快来看看你中了几条？

 DeepSeek 帮你赢

以美妆护肤行业为例，假设我们给 DeepSeek 设定的身份为护肤品成分党。现在，我们将"标签发问式"内容 + 常见用词放入文档，以附件形式上传，让 DeepSeek 写出一篇 3 分钟的短视频文案。

提示词参考如下：

你是一位资深的护肤品成分党，在敏感肌护理方面有深入研究，很乐于在互联网上分享个人护肤心得和踩雷经验。现在，请先阅读并学习附件文档中的背景资料（见附件），然后采用标签发问式的结构，创作一篇视频号的文案。创作要求：

1. 在文案中自然地运用标签发问式结构的常见用词，确保结构清晰；

2. 戳中敏感肌人群的痛点，能够引起强烈的情感共鸣；

3. 给出一些实用的护肤建议，并总结成方便记忆的小口诀；

4. 时长在 3 分钟内，结尾引导用户互动。

DeepSeek 的回复：

【封面大字】

"敏感肌自救指南：别把脸当化学实验田！"（动态特效：泛红脸颊被冰膜覆盖）

【开场】（镜头怼近泛红脱皮的颧骨微距）

"一换季就泛红的沙漠皮姐妹举手！口罩脸三年选手集合！敏感肌十年老战士扣 1！（快速切镜头：扔出一筐空瓶护肤品）贵妇面霜、药膏厚敷、矿泉水湿敷都试过对吧？可脸还是像火山喷发？"

【标签发问 1】

"每天湿敷的城墙皮预备役——（举起面膜碗）'过度水合烂脸'的警告你刷到过没？"

注 只展示部分回复。

公式九：颠覆感叹式＝颠覆性认知＋感性评论。

●比如：

不同于常规认知，真正的强大不是一直向前冲，而是懂得适时后退（颠覆性认知）。

的确，在这个竞争激烈的社会，人们往往执着于进取，却忽略了后退有时能带来更大的前进空间（感性评论）。

●常见用词（图 7-33）：

| 你知道吗？……，竟然…… | 谁能猜到……，简直…… | 惊呆了！……，着实…… | 难以想象……，果然…… | 不同于常规认知，的确…… | 不可思议！……，实在…… |

图 7-33　颠覆感叹式常见用词

● 常见用词举例：

你知道吗？有种高级的自律叫作"暂停"，这种不一样的自律方式，竟然有 90% 的人都没听过！

DeepSeek 帮你赢

以美食行业为例，假设我们给 DeepSeek 设定的身份为美食爱好者。现在，我们将"颠覆感叹式"内容＋常见用词放入文档，以附件形式上传，让 DeepSeek 写出一篇 3 分钟的短视频文案。

提示词参考如下：

你是一位有品位的美食爱好者，语言表达极具感染力，喜欢在互联网分享各大城市新兴小众社区的小吃店、茶空间、咖啡馆等。现在，请先阅读并学习附件文档中的背景资料（见附件），然后采用颠覆感叹式的结构，创作一篇视频号的文案。创作要求：

1. 在文案中自然地运用颠覆感叹式结构的常见用词，确保结构清晰；

2. 感情色彩浓烈，用比较夸张的语言表达探店的感受；

　　3. 整体的风格，可参考 ×× 美食博主的视频；

　　4. 时长在 3 分钟内，开头用一句话简单概括视频内容。

DeepSeek 的回复：

【封面大字】

"在杭州老城墙根下，我找到了整个江南最叛逆的胃！"

（炸裂开场：红烧肉从房檐垂落砸进咖啡杯）

"都说馒头山是南宋皇城根下的老古董，结果我在这条皱纹里的小巷，吃到了比雷峰塔倒掉还让人震撼的奇幻料理！"

【颠覆 1：豆腐脑革命】

（镜头怼近颤巍巍的咸豆腐脑，突然浇上威士忌点火）

"谁敢信？这家破晓开门的早餐摊（老板文着花臂颠勺），竟把江南豆腐脑做成了燃烧的冰与火！咸鲜卤水里藏着三十年绍兴黄酒，顶上居然撒着现磨帕玛森——这哪是早点？分明是杭州人骨子里的朋克基因大爆发！"

 只展示部分回复。

▶ 公式十：对比陈述式 = 关联对比 + 表达观点。

- 比如：

你们在国内追捧星巴克，外国朋友在国外爱喝中国茶（关联熟悉事物）。

其实，咱们这些传统饮品也有无限魅力（反差对比）！

- 常见用词（图 7–34）：

图 7–34　对比陈述式常见用词

- 常见用词举例：

你们在国内买 SK–II，外国朋友在国外抢大宝，其实这些国货护肤品也很香！

 DeepSeek 帮你赢

以母婴行业为例，假设我们给 DeepSeek 设定的身份为二胎宝妈。现在，我们将"对比陈述式"内容 + 常见用词放入文档，以附件形式上传，让 DeepSeek 写出一篇 3 分钟的短视频文案。

提示词参考如下：

你是一位二胎宝妈，有自己的新媒体账号，以交流养育话题、分享育儿经验为主。现在，请先阅读并学习附件文档中的背景资料（见附件），然后采用对比陈述式的结构，创作一篇视频号的文案。创作要求：

1. 在文案中自然地运用对比陈述式结构的常见用词，确保结构清晰；

2. 将养育一胎和养育二胎生动形象地与熟悉的事物进行关联；

3. 时长在 3 分钟内，结尾引导妈妈们讲讲养育二胎的故事。

DeepSeek 的回复：

【封面大字】

"一胎当科研，二胎变玄学！二胎宝妈的血泪进化史"

（开场镜头：妈妈左臂抱娃右手指向黑板，板书写着"人类幼崽使用说明书"）

"姐妹们！当年养老大像开实验室，现在带老二宛如跳大神！"

对比：育儿装备篇

（画面切：一胎婴儿房满墙监测仪 VS 二胎尿布台旁晾衣架）

"一胎见不得半点灰，温奶器要带紫外线消毒（展示精装辅食机）；二胎直接开水烫下奶瓶，衣角擦擦就能塞嘴里（抓拍啃拖鞋的娃）——这边精密如航天局，那边野生似花果山，着实应了那句'老大照书养，老二当猪养'！"

 只展示部分回复。

新媒体创作者变现，核心是能持续、稳定输出。10 个文案公式旨在为大家提供创作思路和方向，相信在公式 +DeepSeek 的加持下，你一定能大幅提升创作效率，保持稳定的更新节奏，做到涨粉、变现双腾飞。

四、短视频爆款文案的 3 个黄金绝招

我们在 DeepSeek 帮助下能批量生产文案，但刷过抖音、视频号的人都知道——每天有 2 亿条海量短视频在抢流量，你的内容凭啥被算法选中？所以，要想脱颖而出，我们还要对 DeepSeek 做出调整，让它能在既了解爆款视频特点，又能适配我们要求的基础上，更快更恰当地产出爆款文案，吸引更多我们想要的精准用户。

我们的经验做法是：给 AI 提供"3 个黄金绝招"，能让 AI 既懂爆款规律，又适配创作者调性。只有这样，它才不再是随机吐字的机器，而是你 24 小时在线的爆款军师。接下来，就向你揭晓，我们通过研究 1000 篇爆款文案，总结出来的 3 个实用绝招。

➤ 绝招 1：抓主干、舍枝节。

听到信息后能记住的通常是关键词，这些关键词能串联成有效事件。以写一篇介绍手机功能配置的文案为例，我们来看看使用绝招 1 的前后对比（表 7-29）。

表 7-29　精简前和精简后的文案区别

原稿	精简稿	精简后优势
这款手机拥有强大的处理器、高清的屏幕显示、出色的摄像头配置以及大容量的电池，能够满足您在工作、娱乐等各方面的需求	这款手机有着超强顶配（关键词），随时满足你的各种需求（主干）	精简后的文案更加简洁明了，突出了手机的主要优势

➤ 绝招 2：简层次、直表达。

表达层次复杂通常因为"间接信息"过多。以写一篇介绍耳机性能的文案为例，我们来看看使用绝招 2 的前后对比（表 7-30）。

表 7-30　精简前和精简后的文案区别

原稿	精简稿	精简后优势
这款耳机音质上乘，拥有高品质的发声单元，能够精准还原声音的细节；采用先进的音频解码技术，保证音频信号的高保真传输（层次复杂，"解码技术"为间接信息）	耳畔原声，声声动人（只有"耳机音质"一个层次）	精简后的文案简洁明了，让用户能够快速理解耳机的核心优势——音质好

➤ 绝招 3：少修饰、重名动。

文案大师保罗·西尔弗曼曾说，"动词传递图像的速度总是比形容词快"。著名策划人丰信东也持有类似观点，"不好的文案把形容词拿掉之后，就什么都没有了"。在新媒体上创作，要尽量少用修饰词。以写一篇描述汽车速度的文案为例，我们来看看使用绝招 3 的前后对比（表 7-31）。

表 7-31　精简前和精简后的文案区别

原稿	精简稿	精简后优势
这款汽车以风驰电掣般令人惊叹不已的极致速度，如闪电划破天际般惊心动魄地在道路上飞驰而过（"风驰电掣、惊叹不已、惊心动魄"为修饰）	这款汽车如喷射机般"嗖"地穿过（"汽车"为名词，"嗖"地穿过为动词）	没有过多的修饰语，避免了信息的冗余，使文案更具可读性和吸引力，用户也能快速抓住汽车的主要特点

 DeepSeek 帮你赢

以科技行业为例，向 DeepSeek 投喂短视频爆款文案的 3 个绝招及举例内容（复制在一篇文档，以附件形式上传），让 DeepSeek 阅读写学习后，写出一篇具备爆款气质的短文案。

提示词参考如下：

你是一位科技公司的运营专家，对机器人行业的专业知识和前沿趋势非常了解，同时也喜欢在新媒体平台分享自己的独到见解。现在，请先学习下方短视频爆款文案的 3 个绝招和举例内容（见附件），以"世界机器人 battle 大赛"为主题，写一篇具备爆款气质的抖音视频文案。

DeepSeek 的回复：

【封面大字】

"钢铁巨兽暴走！人类造出了自己的终结者？"

（开场定格：机械臂撕咬金属火花四溅）

"左勾拳击穿钢板！右腿横扫劈开混凝土！这不是科幻片——世界顶尖机器人正用液压油互泼脏话！"

第一回合：杀戮代码

（红光扫过格斗笼）

"波士顿动力的杀人蜂（机械爪特写）VS麻省理工学院的量子章鱼（液态金属变形）！钛合金关节爆响瞬间，超频引擎推着500千克躯体玩后空翻！"

致命武器库

（子弹时间环绕镜头）

"激光切割器切开空气！电磁护盾弹飞锯齿链！当中国战队甩出千度烈焰喷射器——裁判席的灭火器先跪了！"

注 只展示部分回复。

本节小结

本节探讨了如何通过抖音和视频号等短视频平台打造个人人设。首先对比了两个平台的特点；其次分析了平台的变现方式。进一步提供了 10 个文案公式，并通过具体案例展示了 DeepSeek 在不同行业的应用。最后，提炼了提升文案效果的 3 个黄金绝招：抓主干，舍枝节，简层次，直表达，少修饰，重名动。这些方法的核心在于精准匹配平台特点与用户需求，高效产出吸引目标受众的优质内容，结合 DeepSeek 工具快速生成适配文案，提升创作效率、稳定产出率与爆款率。

⑨ 本节小练习： 请选择一个短视频文案公式，设计一条适合你所在行业的文案。

本节小练习中的提示词 +DeepSeek 回复，请关注微信公众号"焱公子和水青衣"（ID：Yangongzi2020）。

关注后输入：AI 短视频变现，即可获取。

第三节 DeepSeek+ 小红书，个位数粉丝量也能爆单到手软

在小红书平台上，"变现"从来不是单一的选择题，而是一道可以多选的综合题。无论是素人博主还是成熟品牌，都能在这片土壤中找到适合自己的赚钱方式。小红书的五种变现模式就像五把钥匙：广告是快速变现的"快钱钥匙"，电商是稳稳收单的"实干钥匙"，内容付费是细水长流的"专业钥匙"，引流是暗中布局的"长线钥匙"，而新兴模式则是提前卡位的"未来钥匙"。更妙的是，它们还能组合出招——一条美妆视频既能接品牌广告，又能挂商品链接，最后再引导观众加微信领福利。

说到底，小红书的变现逻辑就一句话：别把鸡蛋放在一个篮子里，但每个篮子都要对准用户的需求。接下来，作者将分享这五大模式，看看普通人如何靠内容撬动真金白银。

一、广告变现（核心方式）

广告变现有六种常见形式，其中品牌合作推广、软文种草 / 测评、官方合作渠道、品牌挚友 /KOC（关键意见消费者）计划是直接变现，薯条推广与搜索关键词优化是间接变现

（表 7-32）。

表 7-32　间接变现方式

序号	常见形式	内容
1	品牌合作推广	直接与品牌签订合作协议，通过发布定制笔记内容推广产品，按固定费用或销售分成获得收益
2	软文种草 / 测评	以真实体验为切入点，在创作的笔记中软性植入产品功能，通过用户信任感促进转化
3	官方合作渠道	通过小红书官方资源（如活动、任务平台）对接品牌合作，提高变现稳定性
4	品牌挚友 / KOC 计划	成为品牌长期合作的"代言人"，获取优先合作资源和佣金
5	薯条推广	向小红书平台付费，推广自己的笔记，增加曝光量和互动数据，扩大品牌传播范围。这一项看起来像是创作者的投入，不像收益。但实际上，如果薯条投放得宜，曝光量增大，会带来粉丝快速增长，进而多接品牌合作或是向粉丝销售变现等，都算是间接变现
6	搜索关键词优化	跟薯条推广一样，这也是一种间接变现的形式。优化笔记标题和标签，抢占品牌相关搜索流量，吸引自然流量变现

● **操作步骤**（表 7-33）

表 7-33　具体操作步骤

序号	常见形式	操作步骤
1	品牌合作推广	①接洽品牌：通过私信、邮箱或官方平台（如蒲公英）联系品牌方，或等待品牌主动邀约 ②明确需求：确定推广形式（图文 / 视频）、内容方向、发布时间及报酬（一口价或佣金） ③内容制作：结合品牌调性设计内容，突出产品核心卖点，避免硬广痕迹 ④数据反馈：发布后向品牌提供笔记的曝光、互动数据，便于结算

续表

序号	常见形式	操作步骤
2	种草软文 / 测评	①选品匹配：选择与自身领域强相关的产品。 ②场景化展示：用生活化场景演示产品使用效果。 ③埋入关键词：标题和正文多次提及产品名称、功效词。 ④引导互动：结尾提问，提高评论率
3	官方合作 渠道	①入驻蒲公英平台：完成实名认证和内容审核，开通接单权限。（注：开头蒲公英平台账号粉丝量需要大于等于 1000。） ②报名品牌任务：在蒲公英后台筛选匹配的推广需求（如"618 家电种草"）。 ③提报内容脚本：按品牌要求提交大纲或样稿，通过后正式发布。 ④结算收益：平台抽成 10%~30%，剩余金额提现至账户
4	品牌挚友 / KOC 计划	①提升账号权重：保持高频更新（每周 3~5 篇）、高互动率（赞藏比 > 10%）。 ②主动申请：在蒲公英平台或品牌官网提交合作申请，附数据截图和案例。 ③深度绑定：定期发布品牌内容（如月度好物专栏），参与线下活动增加黏性。 ④升级资源：合作稳定后可签年框协议，获得独家新品首发资格
5	薯条推广	①选择潜力笔记：优先推广数据自然增长快的笔记（如发布 24 小时内赞藏过百）。 ②设置投放目标：选"提升曝光"或"增加粉丝"，按 100 元 /5000 曝光起步。 ③定向人群：可自定义地域、性别、兴趣，或系统智能推荐。 ④优化投放：若互动成本低于 1 元 / 赞藏，可追加预算；效果差则及时停止
6	搜索关键 词优化	①挖掘关键词：用小红书搜索框下拉词、第三方工具（如灰豚数据）找高热度低竞争词。 ②标题公式：产品名 + 核心卖点 + 场景词（如"敏感肌面霜｜换季泛红救星，学生党闭眼入"）。 ③标签组合：加 3~5 个相关标签，包括品牌词（# 珂润面霜）、功效词（# 修护屏障）、人群词（# 学生党护肤）

● **举例**

例 1：某美妆博主与某国货护肤品牌合作，发布"秋冬维稳套装"试用视频，首先围绕该产品的调性来设计、发布笔记，然后做好数据记录，进行广告结算。

例 2：我们的朋友阿飞曾写过一篇"百元蓝牙耳机测评"的笔记，通过学生自习、通勤等场景测试耳机降噪功能，标题强调"百元预算""游戏低延迟"，结尾提问"你用过哪种耳机呢？评论区聊聊！"，成功引发用户讨论，单篇佣金收入1000 元。

例 3：某母婴博主曾签约某奶粉品牌挚友，连续 6 个月发布测评 + 育儿知识，单篇合作费从 2000 元涨至 7000 元。

例 4：朋友 CC 是穿搭博主，她曾用薯条推广一篇"158 小个子大衣搭配"笔记，投入 500 元，曝光量从 2 万增至 15 万，新增粉丝 800+，后续接到 4 个服装品牌合作。

广告变现的核心是平衡内容质量与商业需求，从"软植入"到"硬推广"，关键是用真实体验打动用户，用数据工具放大效果。

二、电商变现（闭环交易）

电商闭环涵盖五种形式：小红书店铺直接完成站内交易；小清单带货以主题商品合集导购；直播带货通过实时互动促成即时转化；第三方平台带货跳转至淘宝等获取佣金；小程序商

城沉淀私域用户提升复购。核心是通过内容缩短"种草—购买"链路，实现流量高效变现（表 7-34）。

表 7-34　电商变现方式

序号	常见形式	内容
1	小红书店铺	成功开通小红书官方店铺后，直接在平台内完成商品上架、销售和售后，用户无须跳转即可下单，形成"内容—购买"闭环
2	小清单带货	小清单是商品合集工具，博主可整理主题商品（如"学生党穿搭"），用户通过清单购买商品，创作者赚取佣金，核心是内容种草＋导购闭环
3	直播带货	通过直播间展示商品细节，引导用户下单，适合美妆、服饰、食品等品类
4	第三方平台带货	通过跳转至淘宝、京东等外部平台完成交易，赚取佣金，适合无自营货源但粉丝量大的博主
5	小程序商城	绑定微信小程序，实现私域流量沉淀和复购

● **操作步骤**（表 7-35）

表 7-35　具体操作步骤

序号	常见形式	操作步骤
1	小红书店铺	①资质准备：个人账号需实名认证＋1000 粉丝，企业账号需营业执照； ②开通店铺：在 App"我—专业号中心—店铺管理"提交资料，审核约 3~5 个工作日； ③商品上架：上传产品图、详情页（突出卖点），设置价格、库存和运费模板； ④绑定笔记：发布笔记时添加商品链接，用户点击可直接购买

续表

序号	常见形式	操作步骤
2	小清单带货	①开通条件：实名认证 +1000 粉，在 App "我的—小清单"申请； ②创建清单：标题吸睛、封面用场景图、添加高佣金商品（5%~30%）； ③推广技巧：在笔记中插入清单链接，用"戳这里"代替敏感词； ④数据优化：定期查看曝光、成交数据，淘汰低效商品，换季更新内容
3	直播带货	①选品策略：主打 1~2 款低价引流品 + 高利润爆款； ②脚本设计：分时段讲解（前 30 分钟暖场抽奖，中间密集推爆款，结尾逼单"最后 10 组库存"）； ③互动留人：每小时抽免单、发优惠券，引导点赞破万加赠福利； ④数据复盘：下播后查看成交转化率、观看时长，优化话术和货品组合
4	第三方平台带货	①申请权限：在小红书"好物推荐"功能中提交第三方平台（如淘宝联盟）的推广权限申请； ②选品库挑货：从淘宝联盟等平台筛选高佣金（20% 以上）、高销量商品（如家居小家电）； ③笔记挂链接：发布测评或合集笔记时插入商品链接，用户跳转购买后获得分佣
5	第三方平台带货	①开发小程序：用"微盟""有赞"等工具搭建简易商城（成本为 3000~5000 元）； ②引流路径：在笔记评论区引导"加微信领优惠券"，再通过朋友圈推送小程序活动； ③会员体系：设置积分兑换、充值赠礼（如充 500 送 50），提升用户黏性； ④复购激活：针对沉默用户发送限时折扣短信（如"库存告急！您收藏的商品直降 100 元"）

● 举例

例 1：博主 @媛媛姐开通店铺，在宣传沙龙笔记中挂载"沙龙硬核干货指南"链接，有用户想要参加沙龙，直接拍下链接购买即可。

例 2：小洛是美妆博主，她创建了"年度爱用彩妆清单"，在妆容教程中引流，单月佣金 3000 元；

例 3：我们的朋友 LiLi 日常直播，推荐好看的茶具，4 小时成交 103 单，客单价 79.9 元，销售额达 8000 元；

例 4：我们一个宝妈学员在笔记中挂载手机壳链接，单篇笔记带来 3000+ 点击，两个月成交佣金收入有 5770 元。

电商变现的核心是缩短用户决策路径，无论是平台内闭环交易，还是跳转第三方引流，关键是用内容降低信任成本，用场景激发购买欲望。

三、内容付费与增值服务

付费专栏 / 电子书以知识产品化为核心（如职场课程、护肤指南），通过刊载深度内容吸引用户主动付费；社群运营与会员制则通过高频服务（如专属直播、资源包）和圈层归属感（如内测资格、一对一咨询），将粉丝转化为长期付费用户。其本质是让内容从"免费吸引"升级为"价值变现"（表 7–36）。

表 7–36　价值变现方式

序号	常见形式	内容
1	付费专栏 /电子书	针对垂直领域（如职场技能、护肤教程），发布付费课程或电子指南，用户需单独付费解锁内容
2	社群运营与会员制	通过组建专属付费社群或推出年度会员，提供独家福利和深度服务，将普通粉丝转化为高黏性用户，同时创造持续收入。这类社群的核心是"稀缺感"和"专属价值"，让用户愿意为内部资源买单

● 操作步骤（表 7-37）

表 7-37　具体操作步骤

序号	常见形式	操作步骤
1	付费专栏／电子书	①定位细分领域：选择自己擅长的方向（如"职场高情商表达"或"敏感肌护肤指南"），避免内容泛泛；②内容打磨：可以设置为直播课，也可以设置录播课，课程分章节录制（每节 10~15 分钟）；③定价策略：按内容价值定价（如 99 元／课程，29 元／电子书），初期可设置限时折扣；④推广引流：在免费笔记中穿插引流内容（如"50个职场沟通模板"），也可以直接引导用户拍下课程
2	社群运营与会员制	①做好社群定位：明确核心价值（如"穿搭社群每日分享折扣信息"或"读书会每周共读一本书"）；②设置门槛：定价 99~999 元／年，用价格筛选精准用户（如"护肤会员群年费 399 元"）；③设计权益：包括新品内测资格、一对一咨询、资料包（如"100 套 PPT 模板"）、专属直播课等；④持续运营：每天固定时间发干货（如早 8 点行业资讯），每周组织话题讨论，定期清退潜水用户

● 举例

例 1：某职场博主在小红书上推出《面试通关秘籍》专栏，包含 20 节视频课＋简历模板，定价 199 元，首月卖出 127 份，收益过 5 位数。

例 2：本书作者水青衣曾推出"IP 变现·年度会员"，年费 6980 元，权益包括每月 IP 打造大课、新媒体实战、一对一咨询等，社群首月招募 73 人，后续通过会员续费和口碑推荐。

内容付费的核心是用专业度换信任，无论是专栏还是社群，都要让用户觉得"这钱花得值"，关键是从免费内容中筛选出高意向用户，用独家权益绑定长期关系。

四、引流转化（间接变现）

私域流量导流通过笔记引导用户沉淀至微信、社群，分层运营实现精准触达；线下活动与品牌联名借助快闪店、联名产品等资源联动，提升品牌溢价。其本质是将流量转化为深度关系，而非单向迁移（表 7-38）。

表 7-38　引流转化方式

序号	常见形式	内容
1	私域流量导流	通过笔记引导用户添加微信、关注抖音号等，后续通过朋友圈广告、社群营销等方式变现
2	线下活动与品牌联名	举办主题快闪店、线下沙龙，或与其他品牌联名推出限量产品，提升品牌溢价能力

● 操作步骤（表 7-39）

表 7-39　具体操作步骤

序号	常见形式	操作步骤
1	私域流量导流	①设计"钩子"内容：在笔记中埋入"添加微信领资料包""进群抽奖"等诱饵（如穿搭博主写"加微信送 50 套搭配模板"）；②多入口引导：在个人主页简介、笔记评论区、置顶帖子中反复露出联系方式（用谐音或符号防屏蔽，如"薇 ♥：XXX"）；③分层运营：微信好友分标签管理（如"高意向客户""潜在粉丝"），定期推送针对性内容（如朋友圈发限时折扣、社群发干货），④变现转化：通过私域卖高价产品（如课程、定制服务）或接品牌广告（如朋友圈发合作产品）

序号	常见形式	操作步骤
2	线下活动与品牌联名	①策划主题：结合自身调性设计活动（如手作博主办"DIY 体验课"，美妆博主联名彩妆品牌推限定礼盒）； ②资源整合：找场地、谈品牌赞助（如咖啡馆提供免费场地换取活动曝光），小红书同步预热（发笔记带活动话题）； ③线上线下联动：活动现场设置小红书打卡点（如拍照墙），参与用户发笔记可领赠品，扩大二次传播； ④长尾运营：活动后发布回顾视频，将线下用户导入社群，推送联名产品复购优惠

● **举例**

例 1：我们的一个学员在"减脂食谱"笔记中引导粉丝加微信领取"一周食谱"，半年积累了 2000 个好友，她在朋友圈推广减脂课程、售卖减脂产品，月均变现 2 万元。

例 2：有位家居博主与某收纳品牌联名推出"ins 风收纳盒"，在线下做沙龙，举办"1 元改造抽屉"活动，现场售出 130 多套产品，活动相关笔记曝光超 25 万，品牌天猫店周销量增长 13.7%。

引流不是简单地"搬用户"，而是通过价值吸引（如独家福利、深度体验）让用户自愿跟你走；线下活动则要用体验感拉近与粉丝的关系，把粉丝变成品牌的忠实代言人。

五、其他新兴变现方式

数据服务通过用户画像分析与竞品策略拆解，为品牌提供精准决策支持；知识付费课程将运营经验提炼为系统化方法论（如爆款公式、涨粉技巧），帮助新手快速入局。其核心是依托专业能力与实战成果，解决行业痛点并实现资源变现（表7-40）。

表7-40　新兴变现方式

序号	常见形式	内容
1	数据服务	为品牌提供小红书用户画像分析、竞品调研等数据服务，适合有数据分析能力的创作者
2	知识付费课程	开设小红书运营、内容创作等线上课程，售卖给想入局的创业者或新手

● **操作步骤**（表7-41）

表7-41　具体操作步骤

序号	常见形式	操作步骤
1	数据服务	①数据抓取：用第三方工具（如新红数据、千瓜）导出行业热门笔记、用户评论、关键词热度等数据；②分析洞察：提炼用户痛点（如"30岁女性更关注抗衰成分"）、竞品内容套路（如某品牌靠"对比测评"涨粉50%）；③报告包装：将结论整理成PPT或PDF，附上可执行建议（如母婴品牌应增加爸爸带娃内容）；④对接需求：在小红书私信或行业社群主动推荐服务，按项目收费（如3000元/份报告）
2	知识付费课程	①课程定位：细分赛道（如"素人起号7天训练营"或"企业号矩阵搭建"）；②内容设计：分模块录制视频课（如"标题公式库""避坑指南"），搭配实操模板（如选题表、发布时间表）；③推广转化：免费直播讲干货（如"小红书限流破解方法"），直播间推送课程链接（定价99~999元不等）；④学员维护：建学员群答疑，更新平台新规则资料，刺激老学员复购进阶课

● **举例**

例 1：美妆博主朵朵通过数据分析工具抓取到美妆领域用户行为数据，发现"抗衰成分""敏感肌修复"等关键词热度飙升，用户评论中高频提及"保湿不足""性价比低"等痛点；进一步分析发现，30 岁女性用户对"抗衰"的关注占比达 65%，但市面产品普遍价高，平价抗衰需求未被满足。基于此，她通过小红书寻找目标品牌，私信联系上了某新兴抗衰品牌，提供报告并协助制定营销策略：建议品牌推出"平价抗衰精华"子系列，主打"早 C 晚 A"场景化搭配，并调整内容方向，增加"职场妈妈护肤日常"等真实生活场景，增强用户代入感。品牌老板采纳她的建议后，3 个月内品牌销售额增长 7.1%，笔记互动率提升 30%，她也获得了品牌方给予的一笔感谢奖金与后续小红书顾问合作。

例 2：某穿搭博主有 12 年的服装行业从业经验，在小红书开设了"素人穿搭博主小红书训练营"，分享自己从 0 到 10 万粉的实战经验，定价 699 元，首月卖课收入超 5 万元。

新兴变现的本质是抓住行业信息差——有人不懂数据，你帮他分析；有人不会运营，你教他方法；关键是把自身经验打包成可复制的解决方案，卖给需要的人。

在小红书商业生态中，变现从来不是"能不能"的问题，而是"怎么选"的智慧。核心关键不是模仿套路，而是找到自己的"长板"：如果你擅长创作，广告和内容付费是你的主战场；如果你有供应链资源，电商和直播能放大优势；如果你懂用户运营，私域和社群就是你的金矿。更聪明的人，会把不同模式组合成"变现组合拳"——让一条笔记既能带货又能导流，一场直播既能卖货又能涨粉。

无论选择哪条路，用户信任才是你变现的根基。用真实内容建立连接，用持续价值维系关系，才能让小红书成为你撬动收入的杠杆。

 DeepSeek 帮你赢

因小红书的运营原则、创作方式以及用 DeepSeek 辅助生成笔记的方法，都与公众号小绿书（第 7 章第 4 节）极其相似。小绿书是新兴图文内容载体形式，我们侧重把方法放在第 4 节讲述，此处略过不表。

本节小结

本节系统解析了小红书平台的五大变现模式及其核心操作逻辑。广告变现通过品牌合作推广、软文种草、官方渠道合作等形式，结合精准内容与数据优化实现收益；电商变现依托小红书店铺、直播带货、小清单导购等，缩短用户从种草到购买的决策链路；内容付费与增值服务通过付费专栏、社群运营与会员制提供深度价值，将粉丝转化为长期付费用户；引流转化设计私域导流与线下活动，构建公域到私域的完整运营闭环；新兴变现模式则聚焦数据服务与知识付费，将行业经验转化为可复制的解决方案。无论选择单一模式或组合策略，核心是围绕用户需求建立信任，通过持续输出真实价值实现商业闭环。

本节小练习：请选择"传统手工皂"这一行业，设计一条小红书电商变现内容（小清单带货）。

本节小练习中的提示词+DeepSeek回复，请关注微信公众号"焱公子和水青衣"（ID：Yangongzi2020）。

关注后输入：AI 小红书。

第四节　DeepSeek+ 公众号小绿书，适合新手的蓝海淘金阵地

《硬核突围》：职场人经济寒冬自救指南，用"硬核四刀"劈开35岁危机天花板

图 7-35　公众号的小绿书

微信公众号大家都不陌生，很多人说，公众号红利已过，但其实微信于 2023 年新推出"小绿书"（图 7-35）——它其实也是在公众号上写文章，只不过，是一种新型的图文内容形式。跟传统公众号文章相比，小绿书的风格类似小红书，只能发 1000 字以内的文字，顶端是图片。其使用方法也跟小红书一模一样，通过公众号、视频号等入口发布短图文笔记（含文字 + 配图），其内容涵盖生活方式、攻略测评、知识干货等领域，支持添加话题标签（＃）和 @ 好友互动，适合快速传播与种草。

一、小绿书的特别之处

1. 方便浏览。

用户在手机上可以横滑浏览所有图片，展示比例为 3∶4。

2. 显示封面大图。

之前，如果用户没有星标或是没有常读你的公众号，头条封面就会变成小图，不再显示大图，这在公众号长长一屏信息流里就很吃亏（图 7-36）。所以不少公众号主会专门发布内容，请求粉丝星标。

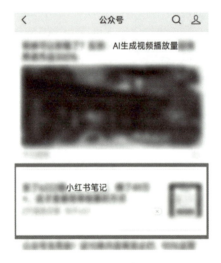

图 7-36　公众号头条封面变小图

但在小绿书上发布内容，不管用户星标与否，都会直接显示大图，更有利于吸引用户目光，提升打开率（图 7-37）。

图 7-37 小绿书的大图展示很显眼

3. 图片可直接识别二维码。

在其他平台，不管是图文还是私信，都放不了二维码，对引流转化有着较大的限制。而小绿书的功能，完全融入了微信生态系统。你可以在图文中插入文章链接、小程序、商品卡、二维码等（图 7-38）。

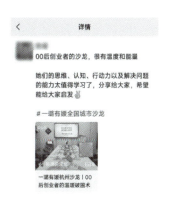

图 7-38 小绿书引流转化

你可以利用它来引流到公众号和小程序，也可以直接写图文，靠优质内容吸引用户、转化成交赚到钱（图 7-39）。

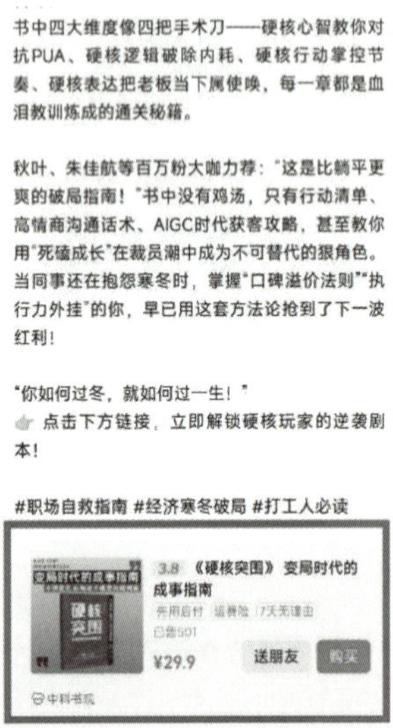

图 7-39　小绿书插入书籍商品卡

二、小绿书变现路径（表 7-42）

表 7-42　小绿书变现路径

方式	内容
流量主	公众号粉丝 500，可开通"流量主"功能
底部广告	在图文底部插入广告（系统自动插入无法自行选择）。收益根据有效曝光和点击量综合计算
商品卡	开通视频号小店，开通"返佣商品"功能。在发布图文时插入商品卡，销售出去即可获得返佣

续表

方式	内容
赞赏	发布 3 篇原创文章即可开通"赞赏"功能，给用户打赏，平台不抽成
引流私域	如果你有自己的产品，你可以把小绿书上的流量引导到个人微信，以售卖产品为主

2024 年，玩小绿书的人还并不多，我们就已经在教学员布局，通过小绿书赚钱了。

由于微信官方对小绿书内容有算法推荐的大力扶持，所以，只要认真写优质笔记，就非常容易被推送给潜在兴趣用户，突破原有公众号的订阅限制。我们一个学员连续写了 3 年公众号都没有赚到 1000 元，但仅仅只是做了一个月的小绿书，收益就已经超过 5 位数。

小绿书为什么比传统的公众号文章更容易赚到钱呢？

首先，当然是微信官方的扶持力度大；其次，小绿书内容可以一键同步转发到视频号、朋友圈、公众号菜单栏，支持用户收藏、转发、评论，优质内容可通过私域流量（微信群、朋友圈）快速扩散，形成多渠道引流，社交裂变潜力巨大。

另外，微信生态里的人群，绝大部分都已经养成了之前公众号长文所养成的阅读习惯，但现在也是短视频的时代，人们对于长文已经越来越"接受无力"，期待能更快、更简洁地了解信息。小绿书的出现，恰恰就满足了人们的这一需求：它以图片为核心的信息呈现方式，非常适配碎片化阅读场景，极大降低了用户的理解成本。如此一来，基于微信生态的庞大用户画像，通过标签实现"兴趣定向推送"，在小绿书上无论是带货、带课，转化率都较高。

因此，我们总结出，想在小绿书上赚钱要遵循的三个原则：

一是内容短小精悍，图文并茂。不管是带货还是带文案，文字都不能太长。一篇小绿书笔记就聚焦一个卖点，然后配上美图即可。

二是强化社交互动，激活流量裂变。发布内容时需主动引导用户互动，比如尾部添加精准话题标签吸引算法推荐；在正文中，用"点击下方商品卡""评论区留言"等话术推动用户行动；做好公域、私域同时联动，每次在笔记末尾，都要记得带上个人微信二维码，在把笔记转发到朋友圈时，也要记得带上公众号入口，把公私域用户做一个相互融通，既引导关注公众号，又引流到私域。

三是垂直领域深耕，喂养算法标签。持续产出同一垂类内容才能被算法精准推荐。锁定细分领域建立鲜明人设，所有内容围绕固定场景展开（如职场妈妈育儿／中小老板搞流量），保持封面风格、内容结构统一。采用"干货＋变现"的组合策略，每输出几篇实用内容后就插入带货笔记，让用户既收获价值又自然接受推荐，逐步将泛流量转化为精准消费群体。

接下来，我们就以如何带书为例，带着大家实操，如何用 DeepSeek 写小绿书种草文案赚取佣金。这里仅需简单的三步：选取图片、撰写文案、选品和绑定。

● 选取图片

选商品图前，我们首先需要有一个大概的选品范围，即要选择与你小绿书定位相同的商品进行带货。比如，你是一位职场女性，就选择职场类书籍《硬核突围》。比如我们的一个学员是销售，就选择一本销售类的书籍《绝对签单》。

确定好书籍后，就从网络搜索该书籍的封面图，比如百度、当当、京东、小红书等，都可以找到，然后下载、保存封面图。

注意网络上的封面图有些会带着平台的 logo，如果你实在找不到不带 logo 的图或是无法使用有 logo 的图，可以买一本实体书回来，自己拍照。如果你的小绿书定位是做一名读书博主，在积累一定粉丝后，会有出版社主动找来与你合作，给你寄样书，这样就省下了购书的钱。

● 撰写文案

传统做法是看完书后，写出种草文案，以方便带商品卡。但有了 AI，这件事就可以交给它了。

我们以《绝对签单》为例，应用 DeepSeek 来撰写书籍的种草文案。

提示词参考如下：

请帮我写一份匹配《绝对签单》这本书的种草文案，发布平台是小红书、公众号小绿书，要有吸引力，《绝对签单》的电子书见附件。

打开 DeepSeek，将上述提示词输入对话框，并上传《绝对签单》电子书作为附件，得到以下结果。

DeepSeek 的回复：

▌小红书 / 小绿书种草文案 ▌

💡 标题：

销售小白逆袭必装！这本书让我 3 个月成交额翻 5 倍

——附赠价值 999 元的"客户攻心话术模板"

💡 正文：

🔥 刚入行时被客户挂电话、被拒绝到怀疑人生。

🔥 直到挖到这本《绝对签单》宝藏工具书！

原来销冠都偷偷在用这些方法 👆

注 只展示部分回复。

● **选品和绑定。**通过优选联盟进行选品，找到《绝对签单》这本书。

（注：选品需要缴纳 100 元的定金。缴纳费用的操作主要通过视频号进行）。

步骤 1：进入视频号里的"创作者中心"，找到"带货中心"。

步骤 2：绑定视频号和公众号，通过手机号订阅小绿书应用程序，然后在小绿书发表笔记，在笔记的工具栏添加刚才选定的商品 / 书籍（商品带货的数据可以通过视频号查看。在视频号内，进入管理橱窗，到佣金页面就可以查看自己的收益情况）。

通过以上步骤，你就可以通过小绿书带货，进而获取返佣金额（图 7-40）。这是一个相对简单且不需要垫资的商业模式，适合想要尝试社交媒体带货的新手朋友。

图 7-40　小绿书带货

《绝对签单》是本书 AIGC 商业顾问焱公子写的书籍，我们很多学员也都在推荐这本书。这本书 50% 的佣金也比较高，有 19.9 元（图 7-41）。有一个学员写的一篇种草笔记成了爆款文章，7 天带书 2712 册，佣金就拿到了 53 968 元。从我们自己的实战经验来说，小绿书是一个对新手很友好，很值得大家入局的平台。

图 7-41 《绝对签单》佣金

本节小结

本节介绍了微信公众号推出的"小绿书"功能及其作为蓝海市场的潜力。小绿书的特别之处在于：用户可横滑浏览 3：4 比例的图片；无论读者是不是星标公众号，封面均显示为大图，提升打开率；支持插入文章链接、小程序、商品卡和二维码，便于引流转化。小绿书的变现路径包括流量主收益、底部广告、商品卡返佣、赞赏及私域引流等。相较于传统公众号，小绿书更易赚到钱的原因包括微信算法扶持、内容一键同步至视频号／朋友圈、适配碎片化阅读场景及高转化率。其成功运营需遵循三个原则：内容短小精悍，图文并茂；强化社交互动，激活流量裂变；垂直领域深耕，喂养算法标签。以带书为例，实操步骤分为选取图片（选品范围与定位一致）、撰写文案（用 DeepSeek 生成种草内容）、选品绑定（通过视频号带货中心操作）。结合案例可见，小绿书对新手友好，图文撰写简便，且返佣收益较理想，验证了其低门槛、高潜力的特性。

本节小练习： 请选择一本与你兴趣或行业相关的书籍，设计一篇小绿书带货笔记。

本节小练习中的提示词 +DeepSeek 回复，请关注微信公众号"焱公子和水青衣"（ID：Yangongzi2020）。

关注后输入：AI 小绿书，即可获取。

附录
告别卡顿的 DeepSeek R1 满血版入口

DeepSeek 除官方网页版、App 外，现有不少平台已接入 DeepSeek R1 满血版（附录表 1），使用起来效率与效果差不多。如果遇到官网卡顿情况，可选择以下无须本地部署就能使用的入口，也可多个入口多次轮换使用。

附录表 1   DeepSeek R1 满血版入口

序号	名称	操作
1	腾讯文档	在微信搜索"腾讯文档"小程序； 进入，选择 AI 助手； 在右下角（对话框处）可见"混元"等模型； 点开，选择 DeepSeek
2	问小白	在微信搜索"问小白"，可见其公众号； 关注公众号，点击"发消息"； 点击菜单栏的"问小白"，即可进入 DeepSeek
3	DeepSeek 小程序	在微信搜索"DeepSeek 小程序"
4	DeepSeek 官方公众号	在微信搜索 DeepSeek，可见其公众号； 关注 DeepSeek 公众号； 点击"发消息"，点开左下角"产品体验"； 点击"网页对话"，输入手机号 + 验证码，即可使用

续表

序号	名称	操作
5	ima 知识库	腾讯出品的一款智能知识库平台 在微信中搜索"ima 知识库"小程序； 进入，点击对话框（基于知识库提问），会弹出模型选择，选择"DeepSeek R1"
6	秘塔 AI 搜索	在微信搜索"秘塔 AI 搜索"小程序； 勾选对话框下的"长思考 R1"，即可使用 DeepSeek
7	腾讯元宝	下载腾讯元宝 App； 进入，点开顶端"元宝 Hunyuan"，即可自由切换 DeepSeek R1 与混元大模型
8	百度 AI 搜索	打开百度官网首页； 点击"即刻体验 AI 搜索 DeepSeek R1 满血版"即可使用
9	WPS 灵犀	微信搜索"WPS 灵犀"小程序； 在对话框处勾选 DeepSeek R1，即可使用

注：以上是本书作者常用的 DeepSeek R1 满血版入口。
如果你是一名创作者，我们首推使用腾讯元宝、问小白、秘塔 AI 搜索。

其他入口

微信搜一搜（灰度测试中，不是所有人的微信都有此入口）、QQ 浏览器、悟空浏览器、QQ 音乐、网易云音乐、即梦、快影、硅基流动、魔聚平台、万兴喵影、亿图图示、万兴 PDF、出门问问、当贝 AI 助手、腾讯云 AI 代码助手、大众新闻客户端。

注：入口资料均截至 2025 年 3 月，AI 发展日新月异，还需以各平台最新公示为准。